花卉学实验实训教程

吴中军　主编

西南交通大学出版社

·成都·

内 容 简 介

《花卉学实验实训教程》是响应国家新一轮教学改革的号召，本着提高高等教育质量，扎实提高学生的动手操作能力而编写的。实验实训教程分基础性实训、应用性实训和综合性实训三个模块，包含了花卉种类识别、繁殖方法、环境调控、土壤管理、肥水管理、整形修剪、无土栽培、花卉应用、切花保鲜和插花艺术等关于花卉生产和应用的各个环节，共 40 个实验单元。反映了目前花卉生产技术水平，体现实用性、生产性和可操作性。本教材适用于园林专业、园艺专业、风景园林专业等专业本、专科学生的实践教学指导。

图书在版编目（CIP）数据

花卉学实验实训教程 / 吴中军主编. —成都：西南交通大学出版社，2014.8（2021.7 重印）
ISBN 978-7-5643-3227-3

Ⅰ. ①花… Ⅱ. ①吴… Ⅲ. ①花卉 - 观赏园艺 - 实验 - 高等学校 - 教材 Ⅳ. ①S68-33

中国版本图书馆 CIP 数据核字（2014）第 172398 号

花卉学实验实训教程

吴中军　主编

*

责任编辑　牛　君
封面设计　墨创文化
西南交通大学出版社出版发行
四川省成都市二环路北一段 111 号西南交通大学创新大厦 21 楼
邮政编码：610031　发行部电话：028-87600564
http://www.xnjdcbs.com
成都蜀通印务有限责任公司印刷

*

成品尺寸：185 mm×260 mm　　印张：10
字数：231 千字
2014 年 8 月第 1 版　　2021 年 7 月第 7 次印刷
ISBN 978-7-5643-3227-3
定价：25.00 元

《花卉学实验实训教程》
编 委 会

主　编　吴中军

副主编　夏晶晖　唐建民

编　委（以姓氏笔画为序）

邓厚民　吴中军　张淑琴　禹　婷

袁志祥　夏晶晖　唐建民

前　言

"花卉学"是高校园林、园艺等专业的一门主要专业必修课，各高校经过多年的教学探索，已经形成了比较完善的教学模式和教学方法。但是随着社会经济的发展、就业形势的变化及人才需求的改变，原来的教学体系表现出了严重的缺陷，特别是重理论、轻实践的教育教学模式，难以达到理想的教学目标和效果，所培养出的学生表现为动手能力差，从事行业工作时的适应期长，在工作、生产中的创造性差，已远远不能适应社会迅速发展对人才的要求。相对于理论教学，实践教学更具有直观性、实践性、综合性和创新性的特点，在加强学生的素质教育和培养学生的创新能力方面有着重要的、不可替代的作用。

重庆文理学院"十二五"事业发展规划中提出了培养应用型人才的方向，目前正在深入开展"五大"教学改革，明确指出要加大实践教学改革，完善实践教学体系，教学实习一体化，理论与实践相结合，重在操作，扎实提高学生的动手操作能力。为此，我们组织长期从事园林花卉教学的高校教师编写了《花卉学实验实训教程》，希望能为园林专业的实践教学改革起到积极的推动作用。

本书编写分工如下：重庆文理学院吴中军编写实训 1～10，重庆文理学院唐建民编写实训 11～16，成都农科职业技术学院袁志祥编写实训 17～19，成都农科职业技术学院禹婷编写实训 20～22，广安职业技术学院邓厚明编写实训 23，重庆文理学院夏晶晖编写实训 24～32，重庆文理学院吴中军编写实训 33～38，广安职业技术学院张淑琴编写实训 39～40。吴中军负责统稿和审稿工作。

本教材的出版得到了重庆文理学院教材建设资金的资助，并在出版过程中得到了西南交通大学出版社的大力支持，在此谨表示真诚的谢忱。

由于编者水平所限，本书难免存在疏漏与不妥之处，敬请同行专家和读者指正。

吴中军

2014 年 4 月于重庆永川

目　录

模块一　基础性实训

模块二　应用性实训

模块三　综合性实训

模块一

基础性实训

实训1 主要花卉资源调查与种类识别

背景知识

我国拥有丰富的野生花卉和栽培花卉资源，是许多花卉的世界分布中心。据统计，我国的野生花卉大约有7000种，能够直接进行观赏应用的种类有1000种以上，有开发潜力的花卉也有数千种，成为我国花卉资源发掘和利用的最大源泉。但我国在野生花卉资源的研究和利用方面落后于世界其他发达国家，多数野生花卉尚未受到重视，而一些花卉资源和品种资源却面临人为毁坏、掠夺式开发以及自然生存环境破坏等严峻局面，甚至导致濒临灭绝，如中国兰（*Cymbidium spp.*）和二色补血草（*Limonium bicolor*）等；一些珍贵的野生花卉资源频繁流落于国外，被国外的育种家当作宝贝，以之为亲本培育出大量的新品种，如牡丹（*Paeonia suffruticosa*）、大火草（*Anemone tomentosa* (*Maxin*) *pei*）等，使我国在培育新品种方面丧失了优势。园林植物种类少是我国城市绿化存在的普遍问题，即使在气候条件优越的地区也存在同样的问题，增加园林绿化美化植物种类，提高城市植物多样性和植物景观多样性，是我国绝大多数城市绿化建设面临的共同工作。

一、实训目的

通过实训，使学生熟悉当地常见花卉植物（包括露地一二年生花卉、多年生花卉、温室花卉、球根花卉、水生花卉等）的形态特征、生态习性、繁殖方法、观赏用途和栽培要点。

二、材料及用具

（1）材料

当地和校园内的各种花卉。

（2）用具

数码相机、显微镜、放大镜、卷尺、直尺、卡尺、铅笔、笔记本。

三、方法步骤

（1）教师现场讲解各种花卉的名称、科属、生态习性、繁殖方法、观赏用途和栽培技术要点，学生认真记录。

（2）学生分成若干小组进行现场观察、复习和记载。

（3）利用数码相机记录典型标本。

四、作　业

将所记录的花卉进行分类，并填写表 1.1。

表 1.1　花卉种类识别记录表

调查地点：

序号	类型	中文名	拉丁名	科属	生态习性	繁殖方法	主要特征	观赏用途

记载日期：　　　　　　　　　　　　　　　　　　　　　记录人：

实训 2　花卉花芽分化的观察

背景知识

花是观赏植物重要的观赏部位之一，而花芽分化是观花植物发育的关键阶段。植物生长到一定阶段，便由叶芽生理和组织状态转化为花芽生理和组织状态，然后发育成花器官雏形，此过程称为花芽分化。开花的多少与质量好坏都与花芽分化密切相关，花芽的数量和质量直接影响花卉的观赏性状和经济价值。因此，了解花芽分化中的成花因子，对于确保观花植物顺利通过花芽分化，保证花质、花量，以及对花期进行人工调控都有重要的指导意义。观赏植物的花芽分化是一个复杂的形态建成过程，不仅受外界环境因子的影响，而且花卉体内各种因素也必须共同作用、相互协调，各种因子组成一个复杂的网络系统，从而对成花进行调控。

现代分子生物学研究认为，开花是成花基因表达的结果。但目前分离出的各种与植物成花相关的基因大都来自一些模式植物。尽管这些基因具有相当的保守性，但在一定程度上仍具有种属特异性。对于观赏植物来说，今后如能找到控制其花型、花色的相关基因，将大大提高花卉育种繁殖的质量与效率。因此，寻找控制不同观赏植物成花的相关基因，将是未来生命科学研究的一项重要任务。

一、实训目的

通过实验使学生掌握观察花芽分化的方法，了解花芽分化形态变化的过程及花的发育规律，从而为花卉的控制栽培打下基础。

二、材　料

月季、大丽花或菊花。

三、用具与药品

1. 用　具

显微镜、切片机、解剖针、镊子、染色缸、玻片等。

2. 药　品

酒精、福尔马林、醋酸、石蜡、染色剂、中性树胶等。

四、原　理

当植物完成营养生长后，在条件适合时就会转入生殖生长，生殖生长是种子植物完成世代循环的一个重要过程，对花卉而言，花芽的分化、形成到开花是生产中最关键的时期。因此，了解花芽的分化与发育过程，及掌握从花芽分化到开花各发育阶段的时间等，对花期控制有重要的作用。一般而言，植物花芽的分化会经历营养锥→生殖锥→花原基→花蕾→开花（成花）几个阶段。为了了解这些过程，应在不同的发育阶段取样切片观察。在观察取样时不可能每天跟踪取样，一般以 5～10 天间隔期进行取样，有些花芽分化与发育较快的植物可 3 天取样一次。为了便于实验的进行，每次取样后，不必马上制片观察，可用固定液固定后保存，最后一起制片观察。

五、方法与步骤

1. 取样期确定

植物经过一定时间的营养生长后，营养芽向生殖芽转变，一般都有一定的特征。例如，月季当顶芽变成柱状体（无叶原基）时即出现生殖锥，大丽花是最上两叶成柳叶状时，秋菊芽体变成缉毛状（或停灯 5 天后）即开始出现生长锥；这个时期应为取样开始日期。以后每隔 10 天取样一次，每次取 3 个芽，以枝条顶芽为好，每次应做好记录。

2. 样品固定与保存

每次取回样品后，先用清水冲洗干净，再用 FAA 固定液进行固定和保存，如要长时间保存，固定后改用 10%的福尔马林。

FAA 的配制如下：福尔马林 5 mL + 70%酒精 90 mL + 醋酸 5 mL。

3. 制片与观察

将各次样品从固定液或保存液中取出，用清水冲洗干净，用石蜡包埋或直接用切片机进行纵向及横向切片，每种样品选最好的 3 片进行脱色、染色、封片，然后用显微镜进行观察。画出每个阶段的解剖图，有条件的可用体视解剖镜观察并摄影。

六、要 求

（1）解剖图画面要清楚、准确。
（2）对解剖图作出说明
（3）总结花芽分化与发育的规律，及完成各发育阶段的时间。

实训3 一二年生花卉种子形态识别

背景知识

    一二年生的草本花卉种类繁多，其繁育方式或多或少存在差异，其种子生产的技术途径也可以分为以下4种：一是保优提纯生产；二是在人工控制的环境条件下自然授粉，生产自然授粉的种子；三是利用花卉的杂种优势生产杂交种子；四是人工合成种子。自1909年四季秋海棠的F_1代杂种问世以来，到20世纪50年代日本将杂种优势成功地应用于矮牵牛、金鱼草、三色堇等花卉上，利用人工去雄、人工授粉异交，生产F_1代杂交种子，这是花卉种子产业的一次重大革命。由于花卉的杂种优势明显、杂交制种的经济效益高，欧美许多国家的园艺工作者对花卉杂种优势的利用进行了更广泛的研究，伴随着许多创造性的方法（如雄性不育系、利用真空花粉收集器辅助授粉、通过诱导体细胞胚合成人工种子等）被用于F_1代制种，花卉杂交种生产技术取得了巨大的成就。如今，金鱼草、百日草、藿香蓟、蟆叶秋海棠、金盏菊、蒲包花、仙客来、香石竹、凤仙花、万寿菊、矮牵牛、半边莲等花卉的强优势组合选育成功，其商业化生产技术规程已经成熟。

    伴随着世界种子技术的发展和整体技术水平的提高，国外园艺工作者又进行了一系列的花卉人工种子的合成研究，桂竹香、洋常春藤、胡椒、丝兰属、全缘大苏铁、金鱼草、一品红等30多种花卉的不定胚被诱导成功，并形成了人工种子。但由于工艺、成本、技术方面的原因，目前还未形成商品种子。

一、实训目的

从外部形态识别常见一二年生花卉种子的特征，为鉴别种子优劣以及进行种子清洗、分级、包装和检验提供重要依据。

二、材料及用具

1. 材 料

选取常见的一二年生花卉种子为材料，如一串红、金鱼草、藿香蓟、金盏菊、翠菊、长春花、鸡冠花、波斯菊、石竹、银边翠、千日红、麦秆菊、凤仙花、紫茉莉、花烟草、虞美人、矮牵牛、牵牛、半支莲、茑萝、大花三色堇、百日草、夜来香、旱金莲、高雪轮、矮雪轮、醉蝶、锦葵、向日葵、勋章花、蜀葵、福禄考、小百日草、桂竹香、美女樱、硫华菊、万寿菊、孔雀草、松果菊、黑心菊等。

2. 用 具

培养皿、瓷盘、镊子、放大镜、铅笔、橡皮、直尺、天平、游标卡尺等。

三、方法与步骤

1. 种子形态观察

肉眼观察或借助放大镜观察各种花卉种子外部形态，并对相似的种子进行比较。

2. 绘制种子的外观特征

选取常用的 30 种一二年生花卉种子，绘制并描述每一类花卉种子的外观特征，包括种子大小、色泽、形状及其他识别特征。

四、作 业

完成下列记载表（表 3.1）。

表 3.1 花卉种子形态记载表

花卉种类	测定项目					
	千粒重/g	平均直径/cm	色泽	形状	附着物	其他特征
一串红						
金鱼草						
石 竹						
鸡冠花						
长春花						
翠菊						
波斯菊						
金盏菊						
银边翠						
千日红						
紫茉莉						
花烟草						
虞美人						
矮牵牛						
凤仙花						
旱金莲						
夜来香						
百日草						
三色堇						
茑萝						
半支莲						
牵 牛						
美女樱						
蜀 葵						
硫华菊						
福禄考						
勋章花						
向日葵						
醉 蝶						
锦 葵						
矮雪轮						

记载日期：　　　　　　　　　　记载人：

实训 4　观赏植物种子的质量鉴定

背景知识

　　花卉种子是优质花卉生产的基础，种苗生产对花卉产业的生产发展、装饰应用、经济效益都有举足轻重的作用。花卉种苗生产的纯度、质量、数量，以及生产性辅料的使用，都将直接影响花卉生产的产量、质量、效益、环保，以及可持续发展等一系列问题。在许多情况下，花卉种苗生产状况直接影响花卉的装饰美化效果和产业的经济效益。花卉种苗生产的规模和技术水平在一定程度上反映了整个国家或地区花卉产业的发展水平。因此保持和提高种子活力，对观赏植物生产和种质资源保存都有重要意义。保持和提高种子活力，很多环节都很重要。

　　另外，很多木本观赏植物的种子具有休眠现象。种子休眠是指有生命力的种子，由于某些内在因素或外界条件的影响，一时不能发芽或发芽困难的自然现象。种子休眠造成不能适时播种，或播种后出苗率低，是观赏植物生产的制约因素。种子休眠按其休眠特征的差异可以分为强迫休眠和生理休眠。强迫休眠是种子由于得不到发芽所需的各种基本条件（适宜的水分、温度和氧气）而造成的休眠，只要满足这些条件，种子很快就能发芽，如榆树、桑树、梓树、侧柏。生理休眠是种子成熟后，即使给予适宜的发芽条件，也不能很快发芽或发芽很少。造成这种休眠的原因是种（果）皮的限制引起的休眠、种胚未成熟引起的休眠，萌发抑制物的影响等。

一、实训目的

种子的检测，是鉴定种子的品质、鉴定种子发芽能力的重要手段。通过实训，要求学生掌握常规的种子品质检测的方法。

二、材料及用具

1. 材　料

黄槐、鸡冠、相思等花木种子。

2. 用　具

天平（1/100），放大镜、种子铲、盛种瓶、玻璃板、取样匙、直尺（20 cm）、发芽皿、温度计、电水煲、烧杯、镊子、滤纸、纱布、脱脂棉、福尔马林、高锰酸钾、酒精、解剖刀、滴瓶、蒸馏水、培养箱。

三、方法与步骤

种子检测包括净度（纯度），质量（千粒量）、含水量、发芽能力（包括发芽率、发芽势）、生活力、优良度六项。本实验仅做净度、质量、发芽能力这 3 项指标的检测。

（一）取　样

（1）待测种子批数量不多（如少于 10 件）时，可从每件容器的上、中、下三个部位抽取等量的初次样品；盛种容器超过 10 件时，应从每个容器抽取一个初样而轮流变换抽样的部位。取样方法有锥形取样器，或徒手取样。将所有初样混合均匀称为混合样品。

（2）将混合样品倒在光滑洁净的玻璃板上，用两块分样板从纵横两个方向把种子充分搅拌混合，然后铺成正方形，其厚度按照中粒种子 5 cm 以下，小粒种子 3 cm 以下。然后用直尺沿对角线把正方形分成 4 个三角形，把其中相对的 2 个三角形的种子去掉，再将剩下的三角形的种子充分混匀，按上述方法继续缩减到接近送检样品。这种方法称"十字形分样法"。送检样品量，中粒种子约 100 g，小粒种子 100 ~ 150 g。

（二）测定种子净度

1. 试验样品的提取

用十字区分点或点取法。十字区分法同上。点取法是把种子倒在平滑玻璃板上，充分混合后，铺成正方形，在均匀分布的各点（15~20点）上用取样匙取出所需种子。

取两份试样，每份的质量按照中粒种子约25 g，小粒种子约5 g，不同种类的种子有所不同。

2. 分别称量两份试样

称量精度：试样<100 g，精度0.01 g；试样<10 g，精度为0.001 g。

3. 试样的分析

将两份样品分别铺在玻璃板上，仔细区分出纯净种子、废种及夹杂物三种成分，并分别称量，精度同上。

样品成分分类标准：

（1）纯净种子：完整而发育正常的种子、发育虽不完全但体积大于正常种子一半以上的种子、外面有轻伤但仍有长出幼苗希望的种子。

（2）废种：发育不完全的种子（瘪粒、空粒、体积小于正常种子一半的种子），显然不能发芽的种子（损伤的、无皮的、发了芽的、糜烂及受病虫害的种子）。

（3）夹杂物：异类种子、叶片、鳞片、苞芽、果皮、果柄、种翅、小枝、虫蛹、泥沙、石粒等。

4. 计算净度

种子净度是指在一定量的种子中，正常种子的质量占总质量（包含正常种子之外的杂质）的百分比。将试验结果填入表4.1。

种子净度＝（种子总质量－杂质质量）/种子总质量×100%

表4.1　种子净度测定记录表

品名：　　　　　　　　　　　　　试样编号：

项　目	质量/g	净　度	附　注
试样原质量			
纯净种子			
废物及夹杂物			

14

项 目		质量/g	净 度	附 注
总 计				
误 差				
废种和夹杂物鉴定				
废种夹杂物	机械损伤的种子			
	受病虫害的种子			
	不健康及发育不良的种子			
	其他植物种子			
	昆虫幼虫			
	其他无生命夹杂物			
总 计				

检验日期：   记载人：

（三）测定种子质量

可用百粒法及千粒法。

1. 百粒法

（1）提取试验样品：将纯净的种子倒在光滑洁净的玻璃板上，充分混合，用十字区分法，连续区分到接近测定所需的量。

（2）点数种子：从提取的试样中不加选择地点数种子，每 5 粒一小堆，两小堆合并成 10 粒一堆，由 10 堆合成 100 粒为一组。用同样方法点数种子到第八组。

（3）称量：分别称量各组质量，记下读数填入表 4.2，各重复称量精度与纯度测定相同。

2. 千粒法

（1）提取试验样品：同上。

（2）点数种子和称量：同上点数种子，1 000 粒为一组，共数两组。分别称量，记下读数填入表 4.2 中。

（3）计算千粒重^①：从两组的质量求出算术平均值，如果两组质量的差异超过 5%，则进行第三次称量，选取其中差异小于 5%的两组计算千粒重。

表 4.2　种子千粒重测定记录表

品名：　　　　　　　　　　　　　　　　　　试样编号：

组　号	质量/g	附　注
平均种子千粒重		

测定日期：　　　　　　　　　　　　　　　　记载人：

---

① 实为千粒种子的质量，但由于生物学植物相关专业教学与实践中一直沿用"千粒重"这一专有名词，故本书予以保留。——编者注

实训 5 花木种子的发芽试验

背景知识

种子萌发是植物成功实现天然更新的关键环节。光是影响种子萌发的诸多环境因素之一（Finch-Savage & Leubner-Metzger，2006），根据种子萌发过程对光的不同响应，可将种子分为需光性、忌光性和光中性三类。需光性种子：萌发需要光照，在黑暗条件下不能萌发或萌发率降低；忌光性种子：光的存在诱导种子产生休眠；光中性种子：光照与否不影响种子萌发。光照诱导种子萌发的作用是作为指示萌发适宜环境的信号来终止种子休眠（Finch-Savage & Leubner-Metzger，2006）。种子萌发与光的关系一直受到广泛关注。1786 年，Caspary 发现东爪草（*Tillea aquatica*）种子在光照下才会达到最高发芽率（杨期和等，2003），至 1926 年，已测知至少有930 种植物种子的发芽与光有关，其中 672 种在光照条件下可促进发芽（Pons，2000；杨期和等，2003）。

虽然前期研究已经初步形成了影响种子萌发因素的理论框架，但由于种子萌发过程的复杂性，光照调节种子萌发的机理仍存在很大的不确定性。

一、实训目的

通过实训使学生了解发芽率和发芽势的概念，掌握种子发芽的一般规律及影响种子发芽的因素。

二、材料及用具

1. 材 料

鸡冠花、万寿菊、波斯菊等种子。

2. 用 具

培养皿、镊子、滤纸、脱脂棉、光照培养箱等。

三、方法步骤

（一）提取试验样品

将经过净度分析的纯净种子倒在玻璃板上，充分混合后，随机选取 100 粒为一组，共 4 组。每组可多数 1~2 粒，以防丢失。

（二）消毒处理

1. 用具消毒

发芽器、镊子、纱布仔细洗净，用沸水煮 10 min；脱脂棉、滤纸装在盒中用水蒸 30 min 左右，也可在干燥箱中 105 ℃ 消毒 30 min（滤纸、脱脂棉、纱布要装在有盖的盒内）。发芽培养箱用 0.15% 的福尔马林喷洒后密闭 2~3 d，然后使用。

2. 种子消毒

可用高锰酸钾、福尔马林、过氧化氢等。处理方法如下：

（1）高锰酸钾：将试验样品倒入小烧杯中，注入 0.2% 高锰酸钾溶液，消毒 30 min，倒出药液，不必用清水洗，直接置床。

（2）福尔马林：将装有实验样品的纱布袋置于小烧杯中，注入 0.15% 的福尔马林，以浸没种子为度，随即盖好烧杯，放置 15~20 min，取出后用清水冲洗数次。

（3）过氧化氢：将装有试样的小纱布袋置于小烧杯中，注入 35%的过氧化氢，以浸没种子为度，随即盖好烧杯，种皮厚的处理 2 h，一般种子处理 1 h，种皮薄的处理 0.5 h，取出后直接置床。

（三）浸 种

一般用 45 ~ 50 ℃ 温水浸种 24 h；相思类种子用沸水煮 10 ~ 15 s，立即转入 70 ℃ 热水中，自然冷却浸种 24 h。浸种处理每天换水 1 ~ 2 次。

（四）置 床

一般大、中粒种子用砂床或土床，小细粒种子用纸床。

（1）用培养皿垫 0.5 cm 厚的脱脂棉，上盖一张滤纸作床，加蒸馏水或冷开水湿润发芽床，用镊子轻压床面，四周不出现水膜为宜。

（2）将 4 组种子分别置床，按图 5.1 的序列用镊子逐粒安放在发芽床上。每个培养皿安放 100 粒，种粒之间的距离相当于种粒本身粒径的 1 ~ 4 倍。

（3）用铅笔在标签上注明组号、试验样品号、日期、姓名，贴在培养皿外缘以示区别。

（4）将发芽皿盖好，放入 25 ~ 28 ℃（也可设置几个不同温度，如 15 ℃、20 ℃、25 ℃ 等）的恒温培养箱内。

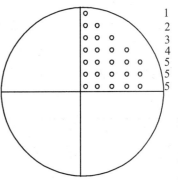

图 5.1　种子置床

（5）观察记载：

以置床的当天作为发芽试验的第 1 天，以后第 3 天、第 5 天、第 7 天、第 10 天，往后每隔 5 天观察统计发芽数，直至规定日期为止，并将发芽情况记载于表 5.1 中。长出正常胚根，大、中粒种子胚根长度大于种粒 1/2，小粒种子胚根不短于种粒全长，算为发芽粒数，随即检出。种粒内含物腐烂成胶状体无生命的种粒，称为腐烂粒，及时剔除。

（五）发芽试验管理

（1）经常加水，保持发芽床一定含水量，从加水后种粒四周不出现水膜为宜。

（2）将感染发霉的种粒检出，用蒸馏水或冷开水冲洗数次，再用 0.15%高锰酸钾消毒后放回原处，如果有 5%以上种粒发霉，则应更换发芽床。

（3）检查发芽培养箱的温度，24 h 内变幅不得超过 ±1 ℃。

（4）经常揭开发芽皿的盖子片刻，以利通气。

（六）补充鉴定

到达发芽终止日期，分组用切开法，对未发芽的种粒进行补充鉴定，分别按下列几类统计，记载于表 5.1 中：① 新鲜健全粒；② 腐烂粒；③ 空粒；④ 涅粒。

（七）计算发芽试验结果

将观察记载结果分别计算各组发芽率与发芽势。

发芽率：指在常规发芽试验中第 7 天时已发芽的粒数占总供试粒数的百分比。

$$发芽率（\%）=第 7 天发芽的粒数/供试种子数$$

发芽势：指在发芽试验中第 3 天出芽的粒数占总粒数的百分比。

$$发芽势（\%）=第 3 天发芽的粒数/供试种子数$$

分组计算发芽率后，视组间差距在容许范围内，以 4 组发芽率的算术平均值作为试验的发芽率。若其中一组超出容许范围，则以 3 组进行计算。若有 2 组以上超过容许范围，应重作发芽试验。第二次试验结果与第一次试验结果符合，则用两次试验的平均值代表发芽率，填入表 5.1 中。

表 5.1　不同温度下发芽率数据

种子名称	温度/°C	发芽个数	发芽率/%	发芽势
	15			
	20			
	25			

四、结果分析

实验完毕，进行计算，填表，并进行分析小结，撰写实验报告。

实训 6　花卉种子生活力的快速测定

一、实训目的

通过实训，使学生了解植物细胞膜的性质，掌握种子生活力快速测定的方法。

二、材料及用具

1. 材 料

草花种子、黄豆种子和玉米种子。

2. 用 具

培养皿、镊子、滤纸、脱脂棉、刀片、红四唑、红墨水等。

三、方法步骤

1. 浸 种

将实验用的花卉种子用温水（温度 40 ℃ 左右）浸泡 12 h，使其充分吸水膨胀；为了便于对比，可将一部分种子（10%～15%）先用沸水煮 5～8 min，杀死胚，再与其余种子混合。

2. 切取种子

用刀片沿种子腹沟纵切成两半（注意：测定的一半种子一定要带胚部）。共切具有代表性的种子 50 粒，同时重复 1 次。

3. 染 色

（1）红墨水法：配制 5%红墨水溶液，在 1 份红墨水中加入 19 份自来水（如 5 mL 红墨水加入 95 mL 自来水），混匀后倒入培养皿中。然后将切取的种子（带胚）置于小烧杯或均匀摊入培养皿中，溶液量以浸没种子为宜。

（2）TTC 法（红四唑法）：把需要测定的种子置于小烧杯中，加入 0.5% TTC 溶液，以覆盖种子 0.3～0.5 cm，染色 10～15 min。

4. 冲洗种子

染色 10～15 min 后，倒出溶液，种子用自来水冲洗几次，直到冲洗后的溶液无色为止。

5. 观察子叶或胚染色情况

（1）红墨水法：凡种子的胚或子叶不着色或略带浅红色者，即为具有生活力的种子；胚部为红色而且与胚乳着色的程度相同者，可认为是丧失生活力的种子。

（2）TTC 法：凡胚被染成红色者，为具有生活力的种子；反之，为丧失生活力的种子。

6. 统 计

统计记录具有生活力种子的数目，并计算其百分数，填入表 6.1 中。

表 6.1 种子染色情况统计表

种子名称	染色方法	染色数	未染色数	百分率/%

四、结果分析

实验完毕，进行计算，填表，并进行分析小结，撰写实验报告。

实训 7   花卉种子的播种繁殖

背景知识

种子萌芽是它进入生长发育的重要起点。要解除种子休眠必须满足其所需要的温度、水分、空气、光线等条件。

（1）水分：种子成熟后，大多呈干燥状态，以耐贮藏。种子播下萌发，首先需要充足的水分浸润种皮和种仁。种子吸水膨胀后，种仁内的胚乳发生化学变化，使淀粉转化成糖，使蛋白质转化成氨基酸，供种仁内的胚根、胚芽、子叶吸收营养，从而长成新的植株。

（2）氧气：供氧不足会妨碍种子萌发。但是，对于水生花卉，只需要少量氧气即可满足种子萌发的需要。播种前除了用浸种、刻伤种皮、去除绒毛等方法处理种子打破休眠之外，还可以用药物进行处理。如牡丹，秋季播种当年只生出幼根，必须经过冬季低温阶段，才能在翌年春季伸出小芽。

（3）温度：各类花卉种子发芽要求的温度不同。一般花卉种子发芽，要求 15～20 ℃ 比较稳定的温度。如金鱼草、三色堇等，适于秋播。不耐寒花卉种子发芽则需要较高温度，此类种子发芽最低温度为 20 ℃，最适温度为 27 ℃ 左右。

（4）光线：多数花卉种子发芽前都不需要光线，但少数花卉，如秋海棠、大岩桐、半支莲等，种子发芽却需要充足的光照。所以秋季温室播种时，应该注意为花卉的生长发育提供尽可能多的光照。

一、实训目的

花卉繁殖是其繁衍后代、保存种质资源的手段之一，并为花卉选育种提供材料。本实训要求学生掌握不同花卉的播种技术、对环境条件的要求以及播种后的管理。

二、原　理

种子是由胚珠发育而来的器官，由种皮和胚所组成。胚由胚根、胚芽和子叶组成。给予适宜的水分、温度和氧气（少数种子还需一定的光照）等条件，种子便可萌发。

三、材料及用具

1. 植物材料

三色堇、万寿菊、菊花、金鱼草、矮牵牛等花卉种子。

2. 场　地

生物园等实训场地。

3. 用　具

河沙、锄头、耙子、网眼筛、铁锹、竹片、覆盖膜、地菌灵、有机复合肥、喷壶等。

四、方法步骤

1. 浸　种

将实验用的花卉种子用温水（温度 28～30 ℃）浸泡 3～5 h。

2. 整地作畦

先将苗床深翻 30～50 cm，捡除石子、杂草等杂物，用 20% 的地菌灵可湿性粉剂进行土壤消毒，然后按 30 g/m² 施入复合肥；耙细、整平，作成畦面宽 80 cm、深 15 cm 和畦梗宽 20 cm 的苗床；浇足底水。

3. 播　种

可采用撒播、条播或点播。

4. 土壤覆盖

播后用筛子筛细土覆盖种子，覆盖深度为种子厚度的 2～4 倍。。

5. 覆盖地膜

先以竹片支撑后，再以塑料薄膜覆盖，以利于保温、保湿。

6. 播种后的管理

草花种粒较小，覆土薄，易干燥，对种子发芽不利。为了培育出健壮的花卉幼苗，播种后到发芽前，要随时观察床面，在幼苗出土前，若床面干燥，要及时喷水，切不可浇灌，以免冲散种子，影响出苗。待叶子将要出土时，应及时揭去覆盖物，并逐渐使之接受光照，以免幼苗变黄。条播、撒播小苗过密时应及时进行适当间苗，以防幼苗纤弱。一般的花苗长出 2～3 片真叶即可移植。

五、注意事项

（1）所用土壤最好为微酸至微碱性土壤。

（2）播种时期依不同种类和市场而定，但必须保证有良好的萌发条件，如温度为 20～30 ℃，土壤含水率 70%，喜光种子还要保证一定的光照。

（3）有些种子需要浸种催芽。

六、思考及作业

（1）种子繁殖适用于哪些花卉？有何优缺点？

（2）观察种子出苗情况。按播种期、出苗期、第一片真叶出现期、分苗期等时期列表记载。

（3）观察识别、绘图、照相记载不同苗期幼苗的形态。

实训 8　球根花卉种球形态观察

背景知识

　　球根花卉是指植株地下部分的茎或根变态，膨大并贮藏大量养分的一类多年生草本植物。由于球根花卉种类丰富、适应性强、栽培容易、管理简便，加之球根种源交流便利，适合园林布置，广泛应用于花坛、花境、岩石园或作地被、基础栽植等，具有良好的园林应用发展前景。球根花卉的种类和园艺栽培品种极其繁多，原产地分布在温带、亚热带和部分热带地区，因此生长习性各不相同，繁育及栽培的环境条件通常要求较高。根据栽培习性可将其分为春植类球根，多原产于南非、中南美洲、墨西哥高原地区；秋植类球根，多原产于地中海沿岸、小亚细亚、南非好望角、北美洲东部等地。

　　在我国的园林应用中应充分考虑球根花卉的生长和生态习性。春植类球根因生育适温普遍较高，不耐寒，可在长江流域及以南地区露地应用；秋植类球根的耐寒性强，而不耐夏季炎热，可广泛应用在长江流域及以北地区。我国长江流域处于南北气候的分隔带，大部分的春植、秋植类球根花卉都能生长良好。

　　球根花卉是营造园林花境的主要植物材料之一，不仅种植简便、养护省工，不需经常更换，而且还体现出季相变化，更为重要的是球根花卉能为花境带来丰富的色彩。水生类球根花卉常植于水边湖畔，点缀风景，使园林景色生动起来，也常作为水景园或沼泽园的主景植物材料。不仅应用常见的挺水、浮水植物如荷花、睡莲等，有些适应沼泽或低湿环境的球根花卉，如泽泻、慈姑、洋水仙、马蹄莲等也开始应用于园林水景。

一、实训目的

通过对球根花卉地下部分形态的观察，使学生熟悉球根花卉各类球根的形态特征，了解常用球根的分球习性，为指导球根花卉的繁殖和栽培提供依据。

二、材料及工具

1. 材　料

郁金香、唐菖蒲、水仙、美人蕉、百合、仙客来、大丽菊等种球。

2. 工　具

手持放大镜、解剖刀、培养皿、瓷盘、棉花、绘图铅笔等。

三、分　类

1. 鳞茎类

鳞茎类是叶的一部分肥大变态而成的养分贮藏器官。短缩的茎称茎盘，鳞片间具有叶芽和花芽，如郁金香、风信子、水仙、百合等。鳞茎外有皮膜包裹，内部鳞片层层排列紧凑的称有皮鳞茎，如郁金香、朱顶红和水仙等；鳞片外无皮膜包裹，鳞片成覆瓦状排列的称无皮鳞茎，如百合、贝母等。

2. 球茎类

球茎是茎肥大变态而成的养分贮藏器官。扁球形，内实质，有明显的节和节间。叶茎部干燥成膜质，残留在节上，节上和球茎顶端有芽，如唐菖蒲、小苍兰等。

3. 块茎类

块茎是茎肥大变态而成的养分贮藏器官。不规则形，无明显的节和节间，但具芽眼，能发生不定芽，如仙客来、球根海棠等。

4. 根茎类

根茎是横生茎肥大变态而成的养分贮藏器官。根茎节上可生根和发顶芽生长，连年分枝，新根茎不断发生，老根茎逐渐死亡，如荷花、睡莲和美人蕉等。

四、方 法

分小组观察球根的色泽、大小、形状以及叶、芽、节等各部分的形态特征。

五、作 业

（1）列表记录不同类型球根花卉种球的形态特征（表8.1）。

（2）绘制并标注不同类型球根花卉种球的形态结构图（每类至少1个）。

表 8.1　球根花卉形态记录表

名称	类型	原产地	纵横径/cm	质量/g	生态习性	园林用途

实训 9 培养土的配制与消毒

背景知识

随着社会的发展和人们生活水平的不断提高，人民对具有美化环境和净化空气功效的盆花需求量越来越大。随着国内对盆栽花卉栽培技术的研究和对国外新技术与新品种的引进，渐渐地形成了自己的先进技术和管理模式，盆栽花卉的数量和质量都有了较大提高。

盆栽花卉种类繁多，由于原产地不同、生态类型不同，各种花卉要求用的盆土也不相同。盆花是在一个特殊的小环境中生长，因盆的容量有限，对肥、水的缓冲能力不强，因此对盆栽用土要求严格。大多数花卉喜欢疏松肥沃、透气透水性好、有机质含量丰富的中性或微酸性土壤，一般要求 pH 在 4.5～6.8，如一串红、马蹄莲、瓜叶菊、菊花、杜鹃、山茶、栀子花和白兰花等。良好的土壤应具备下列条件：一是良好的物理性质，要求土壤容重小、孔隙度大、疏松透气，黏重的土壤排水透气性差，干旱容易板结，不适宜用做盆栽花卉的土壤。二是丰富的营养成分。由于盆花用土有限，植物的根系仅能在盆中伸展，局限性大，根系也只能从盆中吸取养分。因此，要求土壤有较高的营养成分，尽可能供给植物所需。三是良好的化学性质。每种植物要求不同的土壤酸碱度 pH。

盆栽花卉用土一般由人工配制而成。花卉培养土常用的材料有园土、腐叶土、河沙、泥炭、草皮土、松针土、木屑、苔藓、骨粉。此外，还有珍珠岩、蛭石、椰糠等。可以根据不同花卉的要求，按一定的比例进行混合，配制成所需的培养土。

一、实训目的

不同花卉对栽培土壤的要求各不相同，为了满足花卉生长发育的基本条件，必须配制合适的培养土。通过实训，使学生掌握配制培养土的成分及其主要作用，了解培养土配制和消毒的主要步骤。

二、材料及用具

1. 材　料

园土、腐叶土、河沙、泥炭、珍珠岩、石灰、高锰酸钾、福尔马林、塑料薄膜、pH 试纸、各种规格花盆等。

2. 用　具

钢筛、锄头、铁锹、塑料桶、喷雾器、小手铲、筐等。

三、方法与步骤

1. 配制原则

一是疏松透气，满足花卉根系呼吸需要。二是水分的渗透性和固持性好，能不断满足花卉生长发育的需求。三是酸碱度要适合花卉的生长需求。四是防止培养土中有害生物和其他有害物质的滋生。

培养土的配制还要因地制宜，无论选择哪些材料，用何种比例混合，总的目的是降低土壤的容重，增加总孔隙度，以满足花卉对土壤肥力的要求。混合培养土的容重应低于 1，孔隙度不小于 10%。

2. 配制方法

以 1 ~ 2 cm 的筛子分别筛出园土、腐叶土、河沙等材料，按照所需比例进行充分混合，配制成可满足不同需要的培养土（表 9.1），材料以容积作为百分率计算。

表 9.1　一般培养土的配制比例

用　途	腐叶土/%	园土/%	河沙/%
木本花卉	30	50	20
温室花卉	40	40	20
一般草花	30	50	20
播种用	50	30	20

3. 调整土壤的酸碱度（pH）

土壤酸碱度对花卉生长影响很大，大多数花卉在中性偏酸性（pH 5.5～7.0）的土壤中生长良好。高于或低于这一范围，因某些营养元素处于不可吸收状态，会引起花卉营养缺乏症。如用于培养杜鹃、茶花、兰花、米兰和茉莉等喜酸性的培养土，应掺入 0.2%硫黄粉，而培养仙人掌、仙人球等花卉时，则应加入 10%石灰粉。

配制好培养土后，用试纸大概测量其 pH。

4. 培养土的消毒

在盆栽花卉栽培中，培养土的消毒是预防病虫害发生的重要环节。消毒方法有：

（1）烈日暴晒消毒法：将培养土放在水泥地上暴晒 2～3 d，杀死病菌和虫卵。

（2）福尔马林消毒法：每立方米培养土用 40%福尔马林 50 倍液 400～500 mL 喷洒，然后翻拌均匀，用塑料薄膜密封 48 h。注意用药安全，避免刺伤眼睛。

（3）高锰酸钾消毒法：用 0.1%～0.5%的高锰酸钾溶液喷洒培养土，翻拌均匀，用塑料薄膜覆盖闷土 2～3 d，可防治腐烂病和立枯病。

四、作 业

（1）根据实验内容和步骤撰写实验报告。

（2）配制培养土的原材料有哪些？它们的作用分别是什么？

（3）盆栽花卉土壤应满足哪些基本条件？

实训10 花卉的穴盘育苗

背景知识

随着城市建设进程的加快，各大公园、广场在节假日对不同季节草花品种和数量的需求与日俱增，传统的营养钵育苗已不能满足生产需要。近几年花卉育苗已逐渐采用穴盘轻基质形式，打破了传统的育苗方式，并取得了突破性进展。穴盘育苗技术是当今花卉产业最重要的生产技术之一，是实现花卉商品化、工厂化生产的主要手段。穴盘育苗技术不仅用于实生苗，也可以用于组培苗炼苗和扦插繁殖。要取得穴盘育苗成功的首要条件是设备；其二是育苗技术，包括基质的配制、消毒、播种、催芽、育苗室管理，以及幼苗地上、地下部分生长的调控等。穴盘育苗是无土育苗的一种方式。

穴盘是按照一定的规格制成的带有很多小型钵状穴的塑料盘，分为聚乙烯薄板吸塑而成的穴盘和聚苯乙烯或聚氨酯泡沫塑料模塑而成的穴盘。依据育苗的用途和作物种类，可选择不同规格的穴盘，依次成苗或培育小苗供移苗用。穴盘育苗的是指采用不同规格的专用穴盘为育苗容器，以草炭、蛭石、椰子皮、珍珠岩等轻质材料做育苗基质，采用机械化精量播种，一次成苗的现代化育苗体系。苗盘是分格式的，播种时1穴1粒，成苗时1室1株，成苗时根系与基质相互缠绕在一起，根土呈上大底小的塞子形。穴盘育苗的主要优点是省工、省力、成本低、效率高，便于优良品种推广和规范育苗管理；成苗便于远距离运输（异地育苗）和机械化移栽，成苗率高，定植后根系活力好，缓苗快，易成活，苗的素质好，长势强，产量高，可以实现花卉育苗及生产的机械化、工厂化及商品化。

一、实训目的

使学生通过进行花卉的穴盘育苗操作，掌握穴盘育苗技术的工艺流程，了解穴盘育苗的设施。

二、实验原理

穴盘育苗是采用轻型基质和穴盘进行育苗的现代育苗方式。穴盘育苗涉及营养供应、基质选配和育苗环境控制等环节。穴盘育苗的特点是每一株幼苗都拥有独立的空间，水分、养分互不竞争，幼苗的根系完整，可以大大提高花卉育苗的发芽率和整齐度，移栽后的成活率接近 100%，移栽后生长发育快速整齐，商品率高，缩短了育苗周期。

三、材料及用具

1. 材　料

一二年生花卉种子等。

2. 用　具

育苗穴盘，育苗基质（泥炭、蛭石、珍珠岩、河沙等），标签，苗床，花铲，花洒等。

3. 药　品

常用杀菌剂，如多菌灵、甲基托布津等。

四、方法与步骤

（一）穴盘和育苗基质的认识

1. 穴　盘

比较各种规格的穴盘在结构上的差异，比较各种基质与土壤的差异，了解穴盘育苗的基本工艺流程和所需要的育苗设施，比较与传统育苗方法的区别。

穴盘的穴格及形状与幼苗的生长发育密切相关，穴格体积大，基质容量大，其水分、养分蓄积量大，对供给幼苗水分和调节能力也大；另外，还可以提高通透性，对根系的发育也有好处。但穴格越大，穴盘单位面积内的穴格越少，影响单位面积产量，会增加成本。穴盘的规格有 288 目、200 目、128 目和 50 目。对使用过的穴盘，再次使用前必须消毒，常用 600 倍的多菌灵洗刷或喷洒，之后用清水冲洗 2~3 次。

2. 育苗基质

基质的种类很多，主要有草炭土、珍珠岩、蛭石、椰糠、河沙、园土等。为适应不同花卉育苗的需要，基质的配比有所区别。一般原则是种子越小，需要的基质越细。基质的基本要求是无虫卵、无杂物、无菌和无杂草种子，有良好的保水性和通透性，pH 5.5~6.5，EC 低于 0.75 ms/cm。

（二）育苗基质的混配

育苗基质原则上使用新基质，不使用旧材料，即使如此，在播种前最好用 600~800 倍的多菌灵或百菌清消毒。生产中常将草炭土和珍珠岩（或蛭石）按 3（3.5）:1 的比例混合，或将泥炭、蛭石和珍珠岩按 1:1:1 的比例进行配制，按照每立方米基质加 3 kg 复合肥，将育苗基质和肥料混合后装盘。

装盘时注意尽量使每个穴填装均匀，并轻轻按压，使基质中间略低于四周。基质不可装得过满，应低于穴盘孔的高度，使每个孔的轮廓清晰可见。播种前 1 天应淋湿基质，达到刚好浇透的程度，即穴孔底部有水流出。

（三）播　种

浸种处理，可用常温水浸种一昼夜，或用温热水（30~40 ℃）浸种几小时，然后除去漂浮杂质以及不饱满的种子。取出种子进行播种。太细小的种子不经过浸种这一步骤。

穴盘育苗一般是每个穴孔放 1 粒种子，播种后较大的种子要覆盖一层基质，小粒种子不必覆盖。

（四）浇　水

播种覆盖后挂好标签，进行浇水，第一次浇水一定要浇透。有条件的可以用机械喷水。

（五）育苗管理

穴盘育苗的生育期分为 4 个阶段，这 4 个阶段的生长状态与所需要的温度、湿度、光照、肥料等环境条件各有区别。

育苗后各小组同学要定期浇水，注意育苗的温度和湿度控制。具体管理要点如下：

1. 温　度

当温度低于发芽温度时要进行加热；温室内温度太高，可选用湿帘风机降温系统进行降温，如果温度差别在 $2 \sim 3\,°C$ 范围，可使用温室内的遮阴、通风、喷雾等系统进行降温。

2. 湿 度

合理的湿度和适当的喷淋措施是培养壮苗的关键，从相对湿度接近 100% 的第一阶段，到基质见干见湿、只要不出现萎蔫现象就尽量少浇水的第四阶段，也决定了湿度管理和水分管理是一个复杂的过程。正确把握幼苗生产的 4 个阶段并逐步减少基质的含水量是一项重要的内容，及时调整自动喷淋（雾）的次数和时间就能控制水分和湿度。蒸发慢，空气湿度大时少喷水；相反，则多喷水。

3. 光 照

掌握好需光种子和忌光种子的特性。第二阶段以后必须见光，结合湿度的情况，适当遮阴，遮阴程度从 40% ~ 60% 不等。随着各阶段的进程推进，需要的光照会逐渐加强。

4. 施 肥

一般种子从第三阶段就一定要施肥，但有些种子从第二阶段就必须施肥，否则会大大延长育苗时间，如四季海棠和瓜叶菊。施肥的量是从低浓度逐渐向高浓度增加。以氮肥浓度为标准，从 1×10^{-4} 开始，每周增加（$0.5 \sim 1$）$\times 10^{-4}$，视幼苗的长势和叶色来判断其对肥料的需要量。穴盘育苗最好使用液体肥料，这样比较好控制浓度，切忌使用带挥发性的氮肥，以免造成伤害。

五、实验注意事项

以小组（3 ~ 5 人）为单位进行操作，并挂上标签牌，标签牌上注明名称、播种日期、操作人等。

实验结果处理：育苗期间要加强管理，育苗后 3 周进行现场考核，统计出苗率和成活率等指标，并撰写实验报告。

六、作 业

（1）不同花卉进行穴盘育苗时如何选择适宜的穴盘？
（2）穴盘育苗的质量主要受哪些因素影响？
（3）花卉穴盘育苗的 4 个阶段各有何特点？
（4）怎样改进穴盘育苗，使其有利于幼苗根系生长？

实训11 环境条件对花卉生长的影响

背景知识

　　花卉植物花的发育除受遗传基因控制外，还要求有一定的环境条件，如温、光、水等，这些条件通过花卉植物的生理生态活动对生长、发育及花期调控发挥作用。优质花卉多在温室内栽培，温室内小气候要素是可人为调节的，人们可以使小气候条件尽量满足花卉要求，也可以通过调节小气候来使花卉生长发育满足人们的要求，如花期控制、病虫害防治等，这是花卉区别于粮食作物的特点。这就更要求从业者了解花卉植物生长发育与小气候条件的相互关系，通过创造适宜的条件满足花卉植物和人的双重要求，提高花卉栽培经济效益。了解气象要素对花卉生长、发育影响的一般特征和基本规律，可作为花农和花卉企业进行花卉引种、栽培管理，特别是小气候调控的依据，也可为今后的花卉生产气象服务提供科学依据。因花卉种类、品种繁多，供花卉栽培的地理条件、设施条件、管理条件都较复杂多样，且人们对花卉发育的要求也不尽相同，因而实际中花卉生长、发育的环境条件往往有较大差别，这要求根据实际条件及人们的实际需要加以调节和选择。花卉发育还要求有适宜的温、光、水、气条件配合，才能达到理想的状态。

一、实训目的

通过实训，使学生进一步熟悉环境因子的测定方法，了解光、温、水分综合环境条件对不同类型花卉植物生长的影响，从而了解不同类型花卉植物对环境条件的要求，为以后的生产管理打下基础。

二、材料及用具

1. 材　料

龟背竹（阴性）、千日红或鸡冠花（阳性）、彩叶草（中生性）

2. 仪器与用品

照度计、双金属温度计、毛发湿度计、遮阳网（50%、80%）、花盆、农药、化肥等、尺子、天平、标签等。

三、说　明

环境条件对植物的生长、发育及其生存都有重要的影响；另一方面，植物长期对环境的适应，在遗传上也建立了一定的环境要求，当环境条件的变化满足不了植物的要求时，植物的生长与发育就会表现出一系列的变化，甚至死亡。因此，测定植物在不同环境条件下的生长表现，也可间接地了解植物对环境条件的要求。

在众多的环境因子中，对植物的生长发育起主要作用的因子，主要有光照、温度、水分等，而光照强度的变化又会引起空气温度、湿度的变化。因此设定不同的光照条件，测定不同植物在不同条件下生长发育指标的变化，也就可以了解环境对植物生长的影响，以及植物对环境条件的要求和适应。

四、方法与步骤

1. 光照条件的设定与测定

设定一个自然光（全光照）、以自然光为基础分别为自然光的 50% 和 20% 的 3 个光照环境。选一个晴朗天气，在同一瞬间测定 3 个环境的光照强度，测定 3 次，取平均值，求出 3 个环境光照强度变化的比例关系。

2. 温度测定

将双金属温度计在实验期间分别置于 3 个环境，自动记录该段时间内的温度变化，每周记录一次。求出该段时间的平均温度、昼夜温差。

3. 湿度测定

将毛发湿度计置于 3 个环境中，测定空气相对湿度的变化，每周换记录纸一次。求出该段时间平均相对湿度。

4. 栽培试验

分别选择白蝴蝶、千日红、彩叶草 3 种花卉，各 15 盆，分成 3 组，每组 5 盆，分别测量试验起始时的地茎、株高、叶数等指标，并作记录，插上标签。第一组置于全日照下，第二组置于遮光 50%环境下，第三组置于遮光 80%环境下，每天采用相同的水肥管理。4 周后再分别测定各植物的地茎、株高、叶数等指标，并观察叶色、节间长等特征的变化，结束试验。

五、作 业

将所测得环境数据与植物试验前后各项生长指标平均数据列于表 11.1，比较分析 3 种植物在不同环境中生长变化情况，分析各种植物最适宜的生长环境条件。

表 11.1 植物生物量的测定记录表

温度（℃）：　　　　　光照（lx）：　　　　　相对湿度（%）：

测定日期	龟背竹					鸡冠花					彩叶草				
	1	2	3	4	5	1	2	3	4	5	1	2	3	4	5

实训12 花木的全光照喷雾扦插育苗技术

背景知识

  花卉扦插育苗是利用植物营养器官具有再生能力，能产生不定芽或不定根的习性，切取其茎、叶、根的一部分，插入沙或其他基质中，使其生根或发芽，成为新植株的繁殖方法。用这种方法培养的植株比播种苗生长快、开花时间早，短时间内可育成多数较大的幼苗，并能保持原有品种的特性。花卉扦插育苗是大规模商业性花卉经营中最便捷又常用的无性繁殖法。20世纪40年代，随着人工合成生长素的研制成功以及对插条生根机理的认识，人工喷雾装置和自控温度、湿度、光照等设备的出现，许多难生根植物的扦插已有重大突破。20世纪70年代，计算机、电子技术、红外遥感技术的应用，促进了扦插育苗的自动化和工厂化。各种控温、控湿仪，空气组成测定仪及相应的加温、制冷和喷雾装置的应用，大大改善了扦插育苗的环境条件。20世纪60年代美国康奈尔大学发明了电子控制间歇喷雾装置，并被广泛应用。

  植物扦插研究还在不断发展之中，其生根的研究正从一般扦插繁殖技术向生理和解剖方面发展，其研究集中在两方面：一是研究提高成活率的技术措施，如插条类型、母树年龄、采条部位、插条长度、切口形状、插条叶面积和预防腐烂措施对生根的影响，促进生根的外源激素的选择和使用方法，扦插基质的选择和配方，生根过程的环境因子调控技术等；另一方面是解剖结构和生理生化基础方面的研究，从理论上探索不定根发生、发育的机理和过程，为技术措施提供理论依据。

一、实训目的

对于许多价值大、难生根的优良花卉品种，采用常规的扦插育苗方法，不仅消耗了大量的人力、物力和财力，而且繁殖速度慢、成活率低、繁殖量有限。为了提高扦插成活率，降低花木成本，采用全光照喷雾扦插育苗技术，可有效地解决花木品种生根难的问题。

二、材料及设备

1．材　料

三角梅、茉莉、米兰、橡皮树、月季、菊花、一串红、万寿菊和金鱼草等花木品种。

2．其他材料

鹅卵石、河沙、草炭、珍珠岩、高锰酸钾或多菌灵等。

3．装　置

全光照自动间歇喷雾装置。

三、方法步骤

（一）插床的建立和设备安装

插床应设在地势平坦、通风良好、日照充足、排水方便及靠近水源和电源的地方。按半径 6 m、高 40 cm 做成中间高、四周低的圆形插床。在底部每隔 1.5 m 留一排水口。插床中央安装全光照自动间歇喷雾装置，该装置由叶面水分控制仪和对称式双臂圆周扫描喷雾机械系统组成。插床下铺 15 cm 厚的鹅卵石，上铺 25 cm 厚的河沙。扦插前对插床用 0.2%的高锰酸钾或 0.01%的多菌灵溶液进行喷洒消毒。

（二）插穗的剪切及处理

1．插穗的剪切

扦插木本花卉时，采用带有叶片的当年生半木质化的嫩枝做插穗；扦插草本花卉时，采用带有叶片的嫩枝做插穗。剪切插穗时，先将新梢顶端太幼嫩部分剪除，再剪成长 8~10 cm 的插穗，上部留 2 个以上芽，并对插穗上的叶片进行修剪。叶片较大的只需留 1 片或更少，插穗叶面积只留 10 cm^2 左右；叶片较小的留 2~3 片叶。剪切时注意上剪口平，下剪口 45°斜剪。

2. 插穗的处理

剪切好的插穗按 50 根一捆包扎。扦插前将插穗浸泡或基部浸泡在 0.01%~0.125% 的多菌灵溶液中消毒，然后基部速蘸 1×10^{-6} 的 ABT 生根粉进行处理。

（三）扦插及插后管理

1. 扦插

扦插深度 2~3 cm，扦插密度 400~500 株/m^2。扦插完后立即喷 1 次透水；第 2 天早或晚喷洒 0.01%的多菌灵溶液防病。之后，每隔 7 d 喷 1 次多菌灵，开始生根时，可喷 0.1%的磷酸二氢钾，以促进根系木质化。

2. 检查生根

采用此项技术，菊花、一串红、万寿菊和金鱼草 7~10 d 生根；橡皮树、月季等 15~20 d 生根；三角梅、茉莉、米兰等 25~30 d 生根。

四、作　业

实验完毕进行小结，统计成活率，填写表格（表 12.1），总结扦插方法及技术，撰写实验报告。

表 12.1　全光照喷雾扦插育苗统计表

统 计 日 期	种　类	扦插数/枝	成活数/枝	成活率/%

小组：　　　　　　　　　　　　　　　　记载人：

实训13 花卉的嫁接技术

背景知识

嫁接是指剪截植物体的一部分枝或叶，接到另外一株植物体上，使二者成为一个新的植株。被剪截植物上的枝或芽叫接穗，被嫁接的植物叫砧木。乔灌木花卉进行无性繁育时，使用扦插、压条的方法不易生根成活，播种繁殖出实生苗又常发生性状上的变异，不能保持原品种的特征。嫁接后的植物生长发育和开花结果，能保持原品种性状不变，适应不良环境的能力强，植株的抗病虫害能力强。因此，乔灌木花卉多用嫁接的方法进行繁殖。嫁接作为一项古老而又新兴的农业生产技术，其历史悠久，在园艺作物的生产上应用广泛。利用嫁接的最初目的是进行植物的营养繁殖，而现代园艺生产与研究则更进一步关注其对园艺作物的改良作用。通过嫁接，可以调整植株生长势，提高植株的产量和品质，增强其抗性。嫁接也开始在种质资源保存、突变体的固定、遗传稳定性检测、杂交后代的鉴定中显示独特的作用；并且作为一种工具用于研究"开花物质"和"春化物质"的运输、输导组织的分化、病毒的传播、病毒鉴定和二次代谢等。

一、实训目的

通过实训，使学生掌握嫁接成活的原理、常用的嫁接方法，熟练掌握嫁接技术。

二、材料及用具

1. 材　料

桂花、变叶木、一品红、花叶垂榕、杜鹃、大红花、月季、茶花、仙人球等。

2. 用　具

嫁接刀、磨石、枝剪、塑料薄膜等。

三、方法与步骤

常用切接、芽接、靠接和平接等方法。

（一）切接法

1. 劈　接

（1）削接穗：接穗截取长 5～8 cm、含 2～3 个芽饱满的枝条，在接穗下端用利刀削 2～3 cm 长的斜面，要求削得平滑；再在该削面的反面削同样的斜面，使前后削面对称，形成楔形。

（2）切砧木：常绿种类接口较高，接口以下一般留一些叶，落叶种类接口较低，通常在离地 5～10 cm 处把砧木于该嫁接部位截断，用刀削平截口，然后依接穗大小选适当的位置垂直切下，深 2～3 cm，切口要求光滑平整。

（3）接口与绑扎：将削好的接穗接入砧木切口，要求两边形成层对准，如果砧穗相差太大，要求一边的形成层对准。接穗插入深度要求仅露出一点伤口，以利愈合。然后用塑料薄膜带自下而上一圈压一圈压着绑紧，在切口处打一活结抽紧即可。

（4）套袋：用一块适当大小的薄膜片，卷包着砧木伤口处及接穗，拉直拉齐成筒状，然后对折过来，在伤口处用绳扎紧。注意套袋要求把接口以下 2～3 cm 都包进去。

（5）管理：经常观察，缺水时注意灌水，并检查接口以下萌芽，成活后可解开套袋，一个月后解开接口处绑扎的塑料带。

2. 腹　接

（1）削接穗：接穗长 5～8 cm，含 2～3 个饱满的芽。在接穗下端用利刀削长 3 cm 左右的长斜面，使接穗下端成一个长斜口，或长斜面，要求斜面光滑平整。

（2）切砧木：在离地 10 cm 左右选较平整的一面，用利刀削入砧木，深与接穗斜面相当。深度以入砧木木质部为宜。

（3）接合与绑扎：将接穗插入，形成层对齐，然后用一条塑料薄膜带自下而上包扎，要求自伤口以下开始包扎，薄膜袋一圈一圈压紧，以防渗雨水或接穗失水。有可能时应将接穗末端都包裹进去，然后在上端打一活结抽紧。

（4）管理：接好后把砧木末端的芽剪去，并适当抹去侧芽，嫁接成活后可把砧木接口以上部分剪去。

（二）靠接法

1. 砧 木

一般用 1~2 年生实生苗，先用育苗袋栽植，成活、生长稳定后可用作砧木，在离根 5~10 cm 处选一光滑平面由下向上削一削面，深达木质部，斜面要平滑，长 3~4 cm。

2. 接 穗

在母树上选与砧木一样粗细，生长旺盛的枝条，直接在母树上选较平的一面由上而下削一刀，长 3~4 cm，深达木质部，斜面要求平滑。

3. 接合与绑扎

把砧木与接穗接合在一起，使两者形成层对准，然后用绳子把接口绑紧，并把砧木固定好。

4. 管 理

每天对砧木要进行淋水，并适当施肥，成活后可剪下栽植。

（三）芽 接

1. 开芽接位

在砧木离地 10~20 cm 处取光滑的一面，用芽接刀横割一长约 1.2 cm 的割痕，再从割痕的两端垂直向下割两刀，各长约 2 cm，成"门"字形，或在割痕中垂直割一刀，成"T"字形。深度刚好至木质部，以便容易挑开皮。

2. 取芽片

在生长健壮、芽饱满的接穗上，选强壮饱满的芽，在芽的上方 0.3~0.4cm 处横切一刀，深达木质部，再在芽下方 1 cm 处向上削，刀要深达木质部，削下的芽片将木质部轻轻挑去，并整成与芽接口吻合的形状。

3. 插入芽片

用芽接刀的骨片挑开砧木芽接位的皮层，插入芽片，使两者紧贴不留空隙，形成层对接，然后用塑料薄膜自下而上包扎住接口，芽片仅叶柄露出，其余均包扎紧。

4. 管　理

一个星期左右检查，如叶柄轻碰一下会自动掉下来，说明接芽成活，可在萌芽后解开，并把接穗以上大部分砧木剪去。

（四）平接法

主要用于仙人球类嫁接。

1. 砧　木

选壮、肉厚的霸王鞭作砧木，可接后栽植或种植成活后嫁接。在砧木上端用利刀截断并切平。

2. 接　穗

取仙人球，于下端用刀削一平整的伤口，伤口大小与砧木相当或略小。

3. 接合绑扎

将仙人球放在砧木上，使两者伤口对接。然后用线或绳固定，使之不动摇、跌落。

4. 管　理

接后置于不淋雨水之地，注意接口千万不宜湿水，成活后可拆去绑扎线。

四、作　业

实验完毕，观察统计嫁接成活的情况，填入表 13.1 中，并进行小结，撰写实验报告。

表 13.1　嫁接成活率统计表

接　穗	砧　木	嫁接方法	嫁接时间/d	嫁接株数/株	检查时间/d	成活株数/株	成活率/%	备　注

实训14 花卉分株繁殖

背景知识

　　自然界的植物在各种不利条件下形成了极强的生存能力，它们在受伤或折断时也能生长，并能从受伤的部位长出新根。从植物这些自我增殖特性中，形成了分株、压条和其他繁殖方法。分株和压条是观赏植物常见的繁殖方法，简便易行，繁殖成功率高，非常实用。分株繁殖是将盆栽一年以上、在盆内生长过于拥挤的植物带根分割成几部分，或将植物的蘖芽、吸芽、匍匐枝、地下茎、球根和块茎分切下来，单独栽植而成为新株。由于带有母株的主根和须根，所以容易成活。

　　分株繁殖是在盆栽花卉中应用最多、操作简便又可靠的繁殖方法。一般盆栽花卉的分株繁殖多应用于多年生草本花卉和观叶植物。通常在春天植物新芽萌发出来之前进行。分株时先把母株从盆内倒出，抖去大部分旧的培养土。露出新芽和萌蘖根系的伸展方向，并把盘结在一起的根系分解开，尽可能少伤根。然后用利刀将分蘖苗和母本植株相连接部分切割开来，分别栽植，成为新的植株。多肉多浆植物伤口易腐烂，在切割后稍晾干伤口再行栽植，或在伤口涂以硫黄粉、木炭粉，防止腐烂。一般植物在分割后稍加整理，立即盆栽。浇水后放在半阴、湿润和温度比较高的地方，栽培一段时间，待植物的根系恢复后再按照一般花卉常规管理。适于这种方法繁殖的花卉有君子兰、中国兰花、一叶兰、铁线蕨、绣墩草、金边虎耳兰等。球根、块茎和鳞茎类盆栽花卉每年都能产生一些新的仔球，通常用分栽仔球的方法进行繁殖，方法简便，又能保持母本植株的优良品种特性。

一、实训目的

通过实训，使学生掌握花卉分株繁殖的方法与技术，了解花卉分株繁殖技术在生产中的应用。

二、材料及用具

1. 材 料

鸭跖草、肾蕨、竹芋等。

2. 用 具

花盆、花铲、枝剪等。

三、说 明

花卉分株繁殖是生产中常用的繁殖方法之一，由于分株繁殖具有能保持品种性状，易开花、易操作，繁殖迅速等优点而被广泛使用。这种方法只适用于丛生性或有地下茎的花卉，如兰花、棕竹、竹芋、凤梨类、肾蕨等。分株植株又称分生繁殖，包括分株、地下茎、吸茎、鳞茎、球茎等的分生繁殖。

分株繁殖是人为地将植物体分生出来的幼体与母株分离或分割，另行栽植而成新的植株。分株繁殖要求幼体本身有自己的根系，或具有易发根的特点。一些群生性的花卉，如兰花、竹芋等在分株时，不宜分得过单，以免影响下一代生长。

四、方法与步骤（以盆载花卉为例）

1. 脱 盆

分株前一天停止淋水。脱盆时将盆平放，左手抓住盆缘，右手轻拍盆边，并缓慢转动，然后左手紧握植株根茎处往外轻拉，右手用小木棒从排水孔轻推，即可把植株连同泥脱出。再轻轻敲散泥头。

2. 分 株

将根系上的泥土轻轻去掉，不要过分损伤根系，提起植株观察，将幼体从其与母体连接处切开。兰科植物等发根能力弱者，幼体要粗壮并具 3 条根以上才能单独分开，如达不到这个条件，应带一个母株从老株上分割。

3. 修　整

将烂根剪去，并将植株上过多的叶子剪去部分，如是单子叶植物可不剪叶。

4. 定　植

将植株分离后，母体种回原盆，幼株另盆种植。兰科等群生性种类，母体 3 ~ 5 个种一盆，幼体 3 ~ 5 个种一盆，且使长芽面对向盆边。

五、作　业

认真操作，细心观察，填写表 14.1。将方法和心得体会写成实验报告，说明操作过程中的注意事项。

表 14.1　分株繁殖育苗统计表

统计日期	种类	分株数/枝	成活数/枝	成活率/%

小组：　　　　　　　　　　　　　　　记载人：

实训 15 盆栽花卉的上盆

背景知识

20 世纪 90 年代初，由于切花生产成本的提高，切花利润逐年下降，国际上主要花卉生产国荷兰、美国、日本、丹麦、比利时等开始重视和发展优质盆花生产，走规模化、自动化和国际化的道路。一些新兴花卉生产国以色列、肯尼亚、哥伦比亚、新西兰等，也从单纯的切花生产转向盆花生产，并逐步扩大盆栽花卉和盆栽观叶植物的规模。国际先进盆栽植物生产国的设施现代化程度很高，优质盆花的生产均采用先进的温室设施栽培，生产高度机械化、自动化，从育苗、定植到商品盆花包装上市，完全是工厂化的流水线生产，一个生长周期下来，整齐一致的盆花商品当天可到达世界主要城市的零售商手中。盆栽花卉的生产在国际上称为盆花工业，从种子（苗、球）到盆花商品进入市场，形成了一个完整的盆花工业体系。盆花生产不仅受到与盆花生产关系密切的专业部门如信息、种子、组培苗、基质、肥料、农药、容器、遮荫、灌溉、机械等公司的注意；同时，受到政府、银行、运输、外贸和研究等部门的重视。

我国的盆栽花卉生产历史悠久，但 20 世纪 80 年代前，以传统栽培方法为主，规模小、种类老，品种少，栽培技术落后，常以自产自用为主，上市量不大。20 世纪 80 年代后，盆花生产逐步走上规模化生产，并广泛应用于展览和景观布置。20 世纪 90 年代后期，由于国外先进栽培技术、先进设施与优良品种的引进，盆栽花卉的数量、品种和栽培技术方面才有了较大发展，盆栽植物生产开始步入规模化和商品化时期。

一、实训目的

通过实训，使学生掌握盆栽花卉上盆的基本种植技术。

二、材料及用具

1. 材　料

花卉苗如一串红、彩叶草等。

2. 用　具

枝剪、花铲、泥刀、花洒、花盆。

三、方法与步骤

（一）上　盆

1. 扦插苗

先在盆底放一瓦片，加入约 2 cm 厚直径 0.5～0.8 cm 的泥粒，再加入一层 0.5 cm 厚的基肥。

取 2～3 株苗，分放于盆两侧或呈品字形。然后取 0.3～0.5 cm 直径的泥粒加到苗的根颈为止，把苗扶正，轻摇实盆土。

用细花洒淋水至盆底出水为止，移到阴处 2～3 d，即可进入正常管理。

2. 播种苗

在盆中放入 0.5～0.8 cm 粗的泥粒，至七成满。用细花洒淋水一圈，使盆土吸收一定水分。

用竹片将苗根起出，在假植盆中插一小孔，把苗根部放入，用手抓点泥粉加入孔中及四周。

用同样方法每盆植 2～3 株。

种完后用细花洒淋一遍定根水，移到阴处，片刻再用细花洒淋水到盆土湿透为止。2～3 d 后进入正常管理。

（二）定　植

（1）把备好的基质放入定植盆中，深度为 1/3 盆高度。

（2）取假植苗，用一手按着土面，把盆反转使基质与苗一起脱出，把苗底的瓦片取出，用手压着，把苗与基质一起反正过来。

（3）把上述苗轻轻放入定植盆中央（注意假植苗尽量不要散泥），在四周放入基肥，然后用小铲铲入种植土至八成满，用手轻轻压实。

（4）淋定根水至盆底流出水为止。若根部泥松散，应放在阴凉处几天。

四、作　业

实验完毕进行小结，总结草花上盆假植及定植的意义和方法，并撰写实验报告。

实训 16　花卉的换盆

背景知识

　　由于盆栽花卉受花盆有限空间限制，盆栽营养土数量有限，再因时常浇水又引起营养成分水溶性渗失和花卉根系不断吸收而损耗殆尽。加之土堆日久浇水导致板结现象，往往使一盆花卉初时盛花，来年开花无几，枝叶枯萎，或有绿叶而无光泽，若再年复一年地摆弄，必然会缺乏生机，出现早衰或枯死。多年生花卉的生长发育正常与否，还受人工园艺修剪和施肥的影响，要适时增添或更新配制的营养土，才能保持花卉的旺盛生长和正常发育。在更换盆土时，可用锋利的修枝剪进行合理的修剪，剪除腐根、病根、虫害残伤根和老化根。同时，病弱枝条和老化枝条、受霜冻枯萎的枝条也一并剪除，让植株复壮发新梢。还有人工整形造型的园艺修剪，在进行复壮修剪时，有预期性地保留植株优美树形，使植株朝人工预期目的发展，如在下剪的健康芽处于剪口的下方，新梢就生长成向下斜伸；如保留侧位健康芽，新梢就侧向斜伸生长。盆景迎客松的造型，就是经过多次造型修剪才获得良好的神韵奇效的.

一、实训目的

通过实验,使学生明确换盆对花卉生长发育的意义,掌握多年生花卉换盆的基本方法。

二、材料及用具

1. 材　料

盆栽花卉各规格、品种的苗木。

2. 用　具

花铲、泥刀、花洒、枝剪、各种规格的花盆等。

三、方法与步骤

换盆的过程首先是脱盆,然后将花卉植入比原盆大一规格花盆中,其间不用松散泥球。另一种情况是不需要更换更大的花盆,换盆时,仅是为了修剪根系以及更换新的培养土,花盆如果没有破损,可以不换。

（一）由小盆换到大盆

1. 栽植时间较短、根系较小的小苗

取盆栽小苗,用手按着土面,把盆反转,用拇指按压排水孔内瓦片,使基质与苗一起脱出,把苗底的瓦片取出,用手压着,把苗与基质反正过来,放入备好基质的大一级花盆中央。然后用花铲加入种植土于四周及盆面,加至八成满即可,然后轻轻摇实。淋定根水至底孔排水为止。

如果种植时土太高露出盆面,应在种植时将根部泥球底去掉一部分,或在定植盆底放基质时减少一些,使栽植深度适宜。

2. 栽植时间较长、根系庞大的大苗

把备好的基质放入比原盆大一级规格的定植盆中,深度为 1/3 盆深。当然盆底孔同样要垫瓦片。下层基质要求疏松、排水良好。

取要换的盆栽苗,先用花铲沿花盆边缘向下铲松,使盆土、根系与花盆脱离,然后把花盆斜放地上,用一根短木棒顶花盆底孔内瓦片,使植株与花盆分离,将植株连同土块一起小心拉出盆外。一般要求抓住植株近根部（基部）,并且不宜打破花盆。

取出的植株,如根系有盘根,应适当修剪,如无盘根,可直接放入定植盆中央,在四

周铲入基质，加至八成满，比原来栽植深度稍深。上面这层基质可用稍粗的泥粒。

栽植完后摇实，洒定根水至盆底孔出水为止。

修剪过根系的，枝叶一般应适当修剪，或放在阴凉处几天，恢复生长后才进入正常管理。

（二）换泥不换盆

（1）备好栽植基质。

（2）先对植株脱盆，然后用花铲将泥球外缘削去 1/3～1/2，并用枝剪对根系进行修剪，主要把盘根、粗根剪短，促发新根。盆泥板结的应多换盆土，盘根多、长的应多修剪，否则应少换土、少修剪。根系修剪后，枝叶看情况也要适当修剪。

（3）把脱出的盆底清理干净，垫上瓦片，下面放入一层较粗的培养基质，把修剪好的植株放入花盆中央，四周加入基质，最后盆面也加入一层较粗的基质，至八成满为止。摇实，扶正植株，再摇实。

（4）淋定根水至盆底出水为止，放阴凉处恢复生长。

上述换盆过程中如果是大苗大缸，在四周加入基质的过程中，应边加基质边沿缸边用棒捅实，以免漏空，栽后出现倾斜。

四、作 业

实验完毕，个人进行小结，归纳换盆过程及技术，并撰写实验报告。

实训17 盆栽花卉的日常管理

背景知识

盆栽花卉种类繁多，由于原产地不同、生态类型不同。盆栽花卉小巧玲珑，花冠紧凑，有利于搬移，随时布置室内外的花卉装饰。花卉盆栽能及时调节市场，提高市场的占有率。盆栽花卉能多年栽培，可连续多年观赏。盆栽花卉对温度、光照要求严格，北方冬季需要保护栽培，夏季需要遮阳栽培。花卉的盆栽条件可人为控制，但技术要求较为严格、细致。要取得良好的栽培效果，还必须掌握全面精细的栽培管理技术，根据各种盆花的生态习性，采用相应的栽培管理技术措施，创造最适宜的环境条件，达到质优、成本低、栽培周期短、供应期长、产量高和效益高的生产要求。花卉的栽培管理主要是水、肥管理，杂草管理，病虫害防治管理。

一、实训目的

通过实训,使学生掌握根据不同花卉的生物学特性,制订和采取合理的栽培技术措施,创造良好的环境条件,实现优质高产低耗和高效的花卉生产目的。

二、材料和用具

1. 材　料

已完成上盆的时令花卉。

2. 肥料和药剂

有机复合肥、尿素、磷酸二氢钾、多菌灵等肥料和药剂

3. 用　具

水桶、喷雾器、锄头、铁锹、小铲、量杯(筒)、杆称、枝剪等。

三、管理方法

(一)灌　水

1. 灌水方法

盆栽花卉测土湿润的方法,是用食指按盆土,如下陷达 1 cm 说明盆土湿度合适。搬动一下花盆,若变轻,或是用木棒敲打盆边,声音清脆等,说明需要灌水。浇水的方法有浸盆法、喷壶法、洒水法和细孔喷雾法等。

2. 灌水量

根据植物的种类、生长阶段、盆的大小、季节等多方面因素来确定。如喜欢潮湿的蕨类、兰科类植物要多浇水,随着植物生长开花对水的需求量增加,到结实期,要少浇水,休眠期更要少浇。一般除冬季低温和阴雨天外,每天都应浇水,少者隔天 1 次,多者一天 2 次。

3. 灌水时间

要避免烈日暴晒的时间,冬季一般在上午 9~10 时后,夏季应在清晨 8 时前、下午 5 时后。

（二）施　肥

盆栽花卉生活在有限的土壤里，因此所需的养分要不断补充。

1. 种类和用量

施肥分基肥和追肥，常用的基肥主要有饼肥、复合肥等，基肥总量不超过盆土总量的 20%，与培养土混合均匀施入。追肥以薄施勤施为原则，可用化肥或微量元素追肥或叶面喷施。化肥的浓度不超过 3%，微量元素浓度不超过 0.05%。

2. 施肥的天气和季节

施肥在晴天进行。施肥前先松土，待盆土稍干再施肥，施肥后应立即浇水。温暖生长季每月 2~3 次，夏季可增加到 5~7 天薄施肥 1 次。一般的原则是黄瘦多施，芽前多施、孕蕾多施、花后多施、肥壮少施、发芽少施、开花少施、雨季少施，徒长不施、盛暑不施、休眠不施。

（三）修剪与换盆

修剪整枝可调整植株长势，促进生长开花，形成良好株形，增加美观。

1. 剪　枝

剪枝分疏剪和短剪。前者是将病虫枝、枯枝、重叠枝及其他不需要的枝条从其基部剪除；后者是将枝条先端剪去一部分，但要注意留芽的位置，留芽的方向要根据生出枝条的方向来确定。

2. 剪梢与摘心

剪梢与摘心是将正在生长的枝条去掉顶部。枝条已经硬化的用枝剪剪去称剪梢，枝条柔软的用手指摘去嫩梢称摘心。其作用都是使枝条组织充实，增加侧芽萌发，增多开花枝数和花朵数，或者使株形矮化，株形丰满，开花整齐。此外，摘心还可抑制生长，延迟花期。

3. 抹　芽

将多余的芽除去，这些芽有的是过密，或者方向不当，是与摘心作用相反的一项技术措施。抹芽应尽早于芽开始膨大时进行，以免消耗营养。有些花卉如芍药、菊花等仅保留中心一个花蕾，其他花芽全部摘除。

4. 换　盆

随着植株长大，需要逐渐更换更大的花盆，扩大营养面积，有利于植株继续健壮生长。换盆时，一只手托住盆上将盆倒置，另一只手以拇指通过排水孔下按，土球即可脱落，同时修剪根系，除去老残冗根，促发多发新根。换盆的盆土应干湿适度，以捏之成团、触之即散为宜。上足盆土后，沿盆边压实，以防灌水后下漏。最后浇足水分。

（四）遮　阴

许多盆花是喜阴或耐阴的花卉，不适应夏季强烈的太阳辐射，因此需要对盆花进行遮阴处理。常用的遮阴材料有草席和遮阳网等。草席遮光率为 50% ~ 90%，遮阳网遮光率为 25% ~ 75%。所有遮光材料均可覆盖于温室或大棚的骨架上。

四、作业

1. 根据实训内容撰写实训报告。
2. 盆栽花卉施肥时要注意哪些问题？

实训18 花木的修剪整形技术

背景知识

园林绿化中栽培的观赏花木均有其各自的功能需要和栽植目的，不同的用途各有其特殊的整形修剪要求，不同的整形方式将形成不同的观赏效果。街道树要求的主要是整齐、大方、遮荫，体现城市风貌等功能，在整形修剪上要求操作方便，风格统一。庭荫树要求枝叶浓密、树冠博大，以自然式树形为宜。孤植树，如果在游人众多的主景区或规则式园林中种植，一般位于视觉焦点处，起着园林绿地景观构成的主景物作用，修剪应当精细，并结合多种艺术造型，使园林多姿多彩、新颖别致、充满生气，发挥出最大的观赏功能以吸引游人；如果在游人较少的偏角处，或以古朴自然为主格调的小游园和风景区种植，则以保持树木粗犷、自然的树形为宜，使游人身临其境，有回归自然的感觉，充分领略自然美。花灌木应使其上下花团锦簇、满目生辉。绿篱类应采取规则式的整形修剪，形成各种几何图案。

观赏花木自身的生物学特性、立地环境条件所起的作用以及绿化设计或园林培育的目的三者之间的关系是整形修剪的主要依据。充分理解并掌握有关理论，认真地加以分析研究，才能作出最合理的修剪决策，并收到良好的效果。但是，整形修剪工作要在一系列管理的基础上进行，不能以修剪代替一切。修剪工作还要根据观赏花木的生长习性、园林环境而定。为了把这项工作做好，首先应当了解观赏花木生长发育的基本规律，进而掌握一些修剪的原则、时间和基本方法，然后才能根据不同的树种采用不同的修剪技术。

一、实训目的

通过实训，使学生加深了解修剪整形在生产中的作用，掌握各种修剪整形技术与方法。

二、材料及用具

1. 材 料

菊花、千日红、彩叶草、杜鹃、月季、茶花、桃树等。

2. 用 具

手枝剪、手锯、磨石、梯子等。

三、说 明

花木的修剪整形是生产中一项重要的日常管理工作，对提高花卉产品的质量与观赏价值均有重要作用。其主要目的是除劣促新，协调生长，塑造形姿，控制开花。在修整时要注意的关键问题是修整的目的和时间及修剪的方法。修整的时间与方法主要根据具体目的而定。

四、方法与步骤

1. 剪 枝

剪枝分疏剪与短截修剪两种。疏剪是从枝条基部完全剪去，短截是将枝条顶部剪去一部分。疏剪的对象是病枝、枯枝、重叠枝及破坏整体形态的枝条。短截是促进冠幅生长与形态形成，短截时希望枝条向上生长则留内侧芽位，向外生长则留外侧芽位。剪枝最好在春季或冬季进行，可用茶花、九里香、杜鹃等作为材料。

2. 剪梢与摘心

将植株正在生长的枝梢去掉顶部，以促进分枝、调节生长、增多花枝或矮化株形。对于月季、千日红、一串红等也可以用此法调节花期。作为调节花期的剪梢或摘心，操作的时间要按用花时间而定，如月季在秋冬季剪后约 40 天开花，春季 35 天左右；一串红春至秋季约 25 天，冬季约 30 天开花。

3．剥芽与剥蕾

是将侧芽或过多的花蕾剥去，目的是促进主枝或主花生长。如香石竹、菊花等为促进主枝及主花枝的生长就经常用此法，去除过多的侧芽或侧蕾，以提高品质。

4．整　形

通常是采用整剪接合的方法进行，剪的方法如上；整的方法主要有绑扎、引缚等方法，主要根据造型的目的要求进行整形，使植株能形成理想的株形。在木本植物中，整形是一项长期的工作，并非一朝一夕可以完成。

五、作　业

1. 要认真操作，并撰写实验报告。
2. 花木修剪中，有哪些修枝技术？其主要作用分别是什么？

实训 19 花卉种子的采收与贮藏

背景知识

观赏植物生产上用种子繁殖的种类约占 60% 以上，高活力种子出苗整齐，生长快，成熟一致，同时还能提高植株的品质，增加产量，增强抗逆能力。因此保持和提高种子活力，对观赏植物生产和种质资源保存都有重要意义。保持和提高种子活力，很多环节都很重要。从遗传方面选择高活力的品种，从环境方面创造种子发育的适宜条件，生产高活力的种子，这是种子活力的基础；在贮藏阶段创造良好的贮藏条件，是保持种子活力的保证；播前预处理恢复种子活力，增强种子的固有性能，则是提高种子活力的有效手段。另外，很多观赏植物的种子具有休眠现象。种子休眠造成不能适时播种，或播种后出苗率低，是观赏植物生产的制约因素。

在影响种子寿命的诸多因子中，以种子水分对寿命的影响最为重要。国际植物遗传资源委员会推荐 $5\% \pm 1\%$ 的含水量和 $-18\ ℃$ 低温作为世界各国长期保存种质的理想条件；国内经长期研究认为正常型种子贮藏的适宜条件为干燥（含水率低于 9%）、密封、低温（$-5 \sim 5\ ℃$），然而在这样的贮藏条件下建立种子低温贮藏库和维护低温的管理费用是很高的。因此，人们探讨出一种较为经济简便的种质保存新技术——种子超干贮藏：将种子水分降至 5% 以下，密封后在室温条件下贮藏，即通过降低种子水分以代替降低贮藏温度，达到相同的贮藏效果。20 世纪 80 年代后期，国内外对超干贮藏保存种质的研究非常重视，已成为种子学、植物学的热点之一。

一、实训目的

通过实验使学生明确种子采收与处理的意义,掌握常见花卉种子的采收、调制的方法。

二、材料及用具

1. 材　料

鸡冠花、百日红、万寿菊等。

2. 用　具

枝剪、种子袋、标签。

三、方法与步骤

(一)鸡冠花

1. 采　种

鸡冠花胞果成熟期为 9～10 月,卵形,种子黑色、有光泽。采种时,选择生长健壮的植株,且要求其花冠形态端庄,花大的,于每冠采收冠中部十几粒种子。

2. 处　理

采收后的种子,晒干后净种,用纸袋或玻璃瓶盛装贮藏,并做好种子的登记工作。通常鸡冠花种子可贮藏 3～4 年。

(二)百日红

1. 采　种

百日红的花期达 100 天左右。种子在 10～11 月成熟,成熟后花果宿存,花色与花形经久不变。可将整个花序剪下,扎成一束。

2. 处　理

百日红种子的处理比较简单,将扎成束的百日红花序悬吊于通风干燥凉爽处,留待次年播种用。

（三）万寿菊

1. 采 种

采种于花谢后，撕开总苞，见瘦果黑色时进行。采收后要立即做好种子登记。

2. 处 理

采回来的种实，晒干，揉出种子，净种，再经干燥后可瓶装贮藏，要附上标签，记录品种名称、花色、花期、采种地点、采种时间、采收人等。

通常万寿菊种子可贮藏 4 年。

四、作 业

实验完进行小结，撰写实验报告。

实训 20 花卉植物的物候期观察

背景知识

从现代科学意义上讲，物候研究成为科学，始于系统的物候观测。18 世纪中叶，瑞典植物学家林奈第一次明确地阐述了物候观测的目的和方法。19 世纪以来，欧美一些国家先后开展起物候观测，并在多年的观测基础上编制物候日历。20 世纪 30 年代初，竺可桢先生（1890—1974）就倡导在我国开展系统的物候观测，他数十年如一日，坚持不懈地进行气候和物候的观察，从不间断。由于我国幅员辽阔，物候现象所反映的季节更替在不同的自然地带差别显著。即便在同一座城市，由于热岛效应，也会导致同种植物不同区域开放。今天，我们强调人与自然和谐相处，更应加强物候观察的记录和应用。

一、实训目的

物候期的观察是在一定的条件下，随一年中季节气候的变化，观察记载花卉植物器官相应的生长发育进程。在花卉植物科研或生产上，均要进行物候期的观察，积累资料，进行比较，作为植物选择、配植、养护管理时的技术参考。

二、材料与设备

直尺、温度计、放大镜、记录本等。

三、方法与步骤

（一）花卉植物物候期观察要点

花卉植物年生长周期可划分为生长期和休眠期，而物候期的观察着重是观察生长期的变化。其观察记载的主要内容有：芽萌动、展叶、开花、果实成熟、落叶等。具体到个别种，物候期还可能会有各种不同的记载方法，甚至在每个物候内也根据试验要求，分出更细微的物候期。观察时各种间物候期的划分界线要明确，标准要统一。在具体观察时应附图说明，以便参考比较。

1. 叶芽的观察

（1）**芽萌动期**：芽开始膨大，鳞片已松动露白。
（2）**开绽期**：露出幼叶，鳞片开始脱落。

2. 叶的观察

（1）**展叶期**：全株萌发的叶芽中有 25% 的芽第一片叶展开。
（2）**叶幕出现期**：85% 以上幼叶展开结束，初期叶幕形成。
（3）**叶片生长期**：从展叶后到停止生长的期间。要定树、定枝、定期观察。
（4）**叶片变色期**：秋季正常生长的植株叶片变黄或变红。
（5）**落叶期**：全树有 5% 的叶片正常脱落为落叶始期，25% 叶片脱落为落叶盛期，95% 叶片脱落为落叶终期。最后计算从芽萌动起到落叶终止为生长期。

3. 枝的观察

（1）**新梢生长期**：从开始生长到停止生长止，定期、定枝观察新梢生长长度，分清春梢、秋梢（或夏梢）生长期、延长生长和加粗生长的时间，以及二次枝的出现时期等；并根据枝条颜色和硬度确定枝条成熟期。

（2）**新梢开始生长**：从叶芽开放长出 1 cm 新梢时算起。

（3）**新梢停止生长**：新梢生长缓慢、停止，没有未开展的叶片，顶端形成顶芽。

（4）**二次生长开始**：新梢停止生长以后又开始生长时。

（5）**二次生长停止**：二次生长的新梢停止生长时。

（6）**枝条成熟期**：枝条由下而上开始变色。

4．花芽的观察

（1）**花序露出期**：花芽裂开后现出花蕾。

（2）**花序伸长期**：花序伸长，花梗加长。

（3）**花蕾分离期**：鳞片脱落，花蕾分离。

（4）**初花期**：开始开花。

（5）**盛花期**：25～75%花开，也可记载盛花初期（25%花开）到盛花终期（75%花开）的延续时期。

（6）**末花期**：最后一朵花败落。

5．果实的观察

（1）**幼果出现期**：受精后形成幼果

（2）**生理落果期**：幼果变黄、脱落。可分几次落果。

（3）**果实着色期**：开始变色。

（4）**果实成熟期**：从开始成熟时计算。

四、作　业

（1）每人 5～10 种植物，根据下列调查表（表 20.1）详细填写；

（2）所调查的植物可根据具体情况自行选择。

表 20.1　花卉植物物候期观察记录表

树种名称			地　点			
生长环境条件						
叶　芽	芽萌动期		叶芽形态简单描述	对生（ ）互生（ ）轮生（ ）蔟生（ ）		
	开绽期					
叶	展叶期		叶　型	单叶（ ）复叶（ ）		
	叶幕出现期		叶　形			
	叶片生长期		新叶颜色			
	叶片变色期		秋叶颜色			
	落叶期		枝条颜色			
枝	新梢生长期		枝条形态	直枝（ ）曲枝（ ）龙游（ ）下垂（ ）其他（ ）		
	新梢开始生长					
	新梢停止生长					
	二次生长开始					
	二次生长停止					
	枝条成熟期					
花　芽	花序露出期		花　色			
	花序伸长期		单花直径			
	花蕾分离期		花序	类型	长度	宽度
	初花期					
	盛花期			大	小	中等
	末花期					
果　实	幼果出现期		果实类型			
	生理落果期		果实形状			
	果实着色期		果实颜色			
	果实成熟期		成熟后	宿存（ ）坠落（ ）		

组别：　　　　　　　记载人：　　　　　　　记载日期：

五、问题与讨论

（1）花卉植物物候期观察有何意义？结合园林专业实践加以说明。

（2）花卉植物物候期观察应注意哪些问题？

实训 21　草坪的建植与管理

背景知识

　　草坪作为整体环境绿化的基色,其净化空气、清洁水源、保持水土、防尘防沙、调节气候、降低噪音等重要的生态涵养功能和服务于人类的休闲、娱乐、景观及体育运动功能已被人们普遍认可。近年来,我国草坪业的发展迅速,每年草坪草种的引种数量成倍增长,其应用范围也扩大到景观、公园、运动场、高尔夫球场以及江河堤坝、高速公路的护坡等众多领域。由于不同类型的草坪草种适宜的生长温度有所不同,因而建植时间的选择也有所区别。冷季型草坪草种适宜的生长温度为 15～25 ℃,因此冷季型草坪的建植多选择早春和秋季。春播草坪浇水压力大,易受杂草危害,相比而言,秋季建植为最佳时间。在我国部分夏季冷凉干燥地区,夏初雨季来临前建植草坪效果也较好。暖季型草坪草种适宜生长温度为 25～35 ℃,暖季型草坪的建植主要以夏季为主。

　　草坪建植与管理是通过人工对适合本地地理气候、土壤条件的牧草品种,经过对坪床进行科学的规划、设计、平整等技术处理后,经播种、发芽、生长、喷灌、施肥、修剪等一系列的建植与管理程序,最终达到预期的设计与观赏效果的技术管理养护和操作规程。

一、实训目的

（1）使学生掌握播种方法、建植草坪和铺设草皮的方法，建植草坪，以及草皮的生产。
（2）使学生掌握草坪的养护。

二、材料与用具

1. 材 料

（1）草坪种子：高羊茅、早熟禾、狗牙根、黑麦草、三叶草、马蹄金、结缕草等或其他草种。
（2）草皮块：马蹄金、结缕草等或其他草皮块。

2. 用 具

锄头、细耙、水管、复合肥、除草剂、喷雾器、剪草机。

三、方法与步骤

（一）草坪的建植

（1）进行整地，提前 2 周用灭生性除草剂如草甘膦进行除草，整地作畦，同时施肥。
（2）学生按面积和草种的不同计算种子用量。
（3）把种子均匀撒播在畦上，分三次完成，第一次竖播，第二次横播，第三次查漏补缺。
（4）用细耙轻轻耙一遍，使种子和土壤紧密接触，若盖 1 cm 土则不用耙。
（5）浇透水。
（6）在另一场地上将草皮平整铺设，镇压，使草皮与土壤接触良好，然后浇透水。
（7）在另一场地上将畦面充分浇水，把结缕草草皮分解成一根根的茎，均匀铺在畦面上，待匍匐茎长出，铺满畦面时，即可起草皮卷。

（二）草坪的管理

1. 剪 草

在幼苗长到 10 cm 长时，即要修剪，剪去的部分一定要在剪前草坪高度的 1/3 以内，如果多于这个量，会造成叶面面积损失过多，植物光合作用能力急剧下降，使幼苗枯死。

2. 施　肥

建成草坪的施肥多为全价肥，即含有 N、P、K 的无机肥，常用的有硝酸铵、硫酸铵、过磷酸钙、硫酸钾、硝酸钾等。草坪每次每亩的用量一般为 5~8 kg，N、P、K 的用量之比约为 10：8：6。切忌浓度大，应均匀施在草坪上，施肥后进行浇水，以免灼伤草坪。

3. 灌　水

黄昏是灌水的最好时间，灌水量多少以耗水量而定，冷季草坪草在夏季生长应 1~2 天灌水一次，或每月补充 10 cm 左右的水，天气炎热时更多一些。一般可检查土壤中水的实际深度，当土壤润湿到 20 cm 时，草坪草就有足够的水分供给。

4. 杂草控制

根据杂草发生规律、草坪杂草防除的最佳方法是生物防除，即通过选择适宜的草种混配组合、最佳播种时期，避开杂草高发期，对草坪进行合理的水肥管理，增加修剪频率，促进草坪草长势，增强与杂草的竞争力。

另外，也可以结合化学防除的方法。

四、作　业

学生写出草坪建植的计划、实施步骤，最后评价栽培效果，进行总结。

实训 22　露地花卉的田间整地技术及移植与定植

背景知识

怎样因地制宜确定整地作畦的方式?土壤翻耕之后，要进行整地作畦。作畦的目的主要是控制土壤的含水量，便于灌溉和排水，同时对土壤温度和空气条件也有一定的调节作用。

（1）畦的方向：畦的方向不同，可使花卉植物受到不同强度的日光、风及和风相伴的热，畦的方向与风向平行有利于行间通风及减少台风的侵袭。在倾斜地，做畦的方向可控制土壤的冲刷和对水分的保持，在冬季宜做东西横长的畦，使花卉受到较多的阳光和较少的冷风；在夏季以南北纵长做畦，可使植株受到较多的日光，并利于通风。

（2）畦的形式：栽培畦的形式依气候条件、土壤条件及作物种类等而异。常见的有平畦、高畦、低畦等。① 平畦：畦面与道路相平，地面整平后，不特别做成畦沟和畦面。适于排水良好、雨量均匀、不需要经常灌溉的地区。应用平畦可以节约畦沟所占的面积，提高土地利用率，增加单位面积产量。在寸水多、地下水位高的地方不用平畦。② 低畦：畦面低于地面，畦面走道比畦面高，以便于蓄水和灌溉。在雨量较少、需要经常灌溉的地区大多采用这种方式做畦。③ 高畦：畦面稍高于地面，畦间形成畦沟。这种畦的优点是方便排水，增加水分蒸发，减少水分含量，降低表土温度，有利于提高地温。因此，适用于降雨多、地下水位高的地区。

一、实训目的

通过田间整地作畦过程的操作，使学生掌握整地作畦的基本要领。通过起苗、间苗、移植、定植的操作，使学生掌握不同花卉移植定植的时间和操作技术。

二、原理及说明

为了便于幼苗的精细管理和环境控制，常在小面积上培育大量的幼苗。随着苗木的生长，植株间营养空间变小，光照不足，故要及时间苗与移植，以保证植株足够的营养空间。同时通过移植断根，可促进须根发达、植株强健、生长充实、植株高度降低、株形紧凑。

三、材料及用具

1. 材　料

春播或秋播花卉的播种苗。

2. 用　具

铁锹、铁镐、铁钗、铁耙、小型旋耕机、皮尺、喷水壶等。

四、内容和步骤

1. 整　地

整地的目的在于改良土壤的物理结构，使其有良好的通气透水条件。春季用地可在上一年秋季翻耕。

2. 作　畦

在南方多雨地区采用高畦，畦埂高于地面，便于保水和灌水；若是干旱或少雨季节，可采用低畦。畦埂宽度 30~40 cm，畦面宽 1 m。

3. 移　植

（1）移栽前先炼苗。移栽前几天降低土壤温度，最好使温度比发芽温度低 3 ℃ 左右。

（2）幼苗展开 2~3 片真叶时进行，过小操作不便，过大易伤根。

（3）起苗前半天，给苗床浇一次水，使幼苗吸足水分，更适移栽。

（4）移栽露地时，整地深度根据幼苗根系而定。春播花卉根系较浅，整地一般浅耕 20 cm 左右。同时施入一定量的有机肥、厩肥、堆肥等作为基肥。

（5）移栽时的操作同"间苗"，用花铲将苗挖起时要尽量保护好根系，以利移植成活。

（6）移植后管理：移栽后将四周的松土压实，及时浇足水，以后连续扶苗进行松土保墒，切忌连续灌水。幼苗适当遮阴，之后进行常规浇水施肥、中耕除草等管理。

4. 定 植

最后一次移植或开花前最后一次换盆称定植。

五、注意事项

（1）移栽次数依种类而定。

（2）移栽时期可考虑天气情况。例如，阴天或雨后空气湿度高时移栽成活率高，清晨或傍晚移苗最好，忌晴天中午栽苗。

六、作 业

（1）根据移苗、定植情况，天气情况统计成活率。

（2）写出实训的某种花卉的移栽、定植方法与步骤。

（3）举例说明影响花卉移植次数和时期的主要因素是什么？

（4）举出直根系花卉、须根系花卉若干种。

实训 23 盆花的整形与管理

背景知识

盆花整形：

（1）单干式：只留一个主干，不留分枝，仅在主干顶端开一朵花，如草本植物中的独头大丽菊和标本菊，木本植物中的广玉兰和大叶女贞等。

（2）多干式：留数个主枝，每个枝干顶端开一朵花，如大丽花、多头菊、牡丹等。

（3）丛生式：植株自身分蘖或多次摘心，修剪，使之多发生侧枝，全株呈低矮丛生状，开花数多，如草本花卉和灌木花卉等。

（4）悬崖式：依花架或墙垣使全株枝条向一个方向伸展下垂，如小菊类或盆景整形。

（5）攀援式：用于蔓生花卉，使枝条附着在墙壁或缠绕篱木上生长，如爬山虎和凌霄。

盆花管理：

（1）松盆土(扦盆)：用花铲、小铁耙松盆土，防止土壤板结、除草。

（2）施肥。

① 时期：发芽期、开花前、开花后。

② 方式：根施（土壤施肥），基肥、追肥；叶面施肥，浓度：有机液 5%，化肥 ≤0.3%，微肥 ≤0.05%。

③ 注意事项：

a. 植物种类、生长习性、生长发育阶段。b. 肥料特性：有机肥、无机肥、酸碱性。c. 施肥量：固肥宁少勿多；液肥浓度先淡后浓，宁低勿高。

（3）浇水。找水：对个别缺水花卉进行单独浇水。放水：在花卉生长旺季加大浇水量。勒水：对水分过多的盆花停止浇水。扣水：少浇水或不浇水。

一、实训目的

通过实训，使学生熟悉花卉生长发育规律，掌握露地花卉整形修剪技术方法；同时熟悉盆花松土、施肥、浇水原则，掌握正确松土、施肥、浇水的技术。

二、材料用具

1. 材　料

梅花、一品红、碧桃、六月雪、牵牛花、凌霄等盆栽花卉。

2. 用　具

花枝剪、剪枝剪、刀片、细绳、细铅丝、米尺、笤帚、塑料袋、沤肥水、无机肥、喷雾器、喷壶、移植铲。

三、原理说明

整形的主要方法包括以下 4 种：

1. 作　弯

花卉作弯是花卉栽培中的传统整形技术。有些植株较高大的花卉，经过把枝条作弯，不仅降低了高度，同时又使植株株形，姿态多弯，增加了观赏价值。一株花卉的作弯，不能一次完成，需要用细铅丝经多次引拉，逐渐作成，等全部作完，枝条成弯已生长固定，再解除引拉铅丝。作弯一般多在花卉生长旺盛、枝条较柔软的夏季进行。作弯前 1～2 d 应控制浇水，使枝条在缺水的情况下萎蔫，以防因枝条含水多、硬脆而折断。作弯通常有两种形式：① 立弯，如梅花、碧桃、一品红等。一般多作成立面"S"形，使植株枝条高度降低，而向四周或两侧弯曲伸展，形成姿态多弯、形状活泼的株形。② 平弯，或叫"云片弯"，如罗汉松、六月雪等。作弯在同一水平面上，形成的株形在水平方向上层次分明，状如朵朵云彩，异常优美。

2. 支　架

枝茎柔细和攀缘性的花卉，均需设立支架，并加以绑扎，以使植株正直或依附生长。

设立支架的形式有：① 单柱式，如仙人掌、单秆立菊等，生长到一定高度时，需在根际贴近枝茎处，向土中插一根竹竿或木棍作为支柱，并用塑料绳加以绑缚，使植株向上正常生长。② 篱垣式，如牵牛花等蔓生花卉，可在庭院中沿路旁或花坛四周栽植，用芦苇秆插成篱笆，任其枝蔓攀附其上。③ 回廊式，如栽培藤萝和凌霄等枝蔓较长的木本花卉，可在庭院中路边两侧立柱加梁，建成廊架，将枝蔓攀附其上，造成遮阴的人行回廊。④ 拍子式，盆栽花卉如文竹、蔓天竺葵、令箭荷花及昙花等，可在花盆内插芦苇秆或细竹竿，并绑成花格平拍子，然后将枝蔓绑缚其上。⑤ 圆球式，如爆竹花等枝条蓬散的花卉，可在花盆内插粗铅丝并绑成圆球形支架，使枝蔓依附其上。⑥ 托盘式，栽培嫁接在仙人球上的仙人指和蟹爪，由于其茎枝柔细下垂，可在花盆内沿四周插 4～6 根低于植株的立柱，上面绑扎 1 个较株幅小的铅丝圆圈，将仙人指和蟹爪的多数茎枝托架在上边。⑦ 牌坊式，如盆栽葡萄、牵牛和凌霄等，可在花盆内插细竹竿，绑成牌坊形、亭阁形支架，然后将枝蔓绑缚其上。

3. 诱　引

栽培悬崖菊时，为了使其枝条能自上而下悬垂，形成凤尾状生长，于早春定植在花盆中后，将竹片或铁条插入盆中，向外弯成弧形，随着枝条的伸长，可用细绳将其绑缚在弧形竹片上，以诱引其枝条向下生长。

4. 化学整形

用植物生长调节剂比久的 1%浓度的溶液喷雾，能控制草本花卉的高度，促使植株矮化密实。用 0.5%～1%浓度的脂肪酸酯溶液对一年生草本花卉喷雾，用 1%～4%浓度的溶液对半木质花卉(如菊花)喷雾，促使株型矮化，下部枝条繁密。

四、方法步骤

（1）教师指导学生进行整形修剪及常规栽培管理中的施肥、浇水工作。

（2）选定盆花作为材料，由教师指导学生进行整形修剪。① 根据花卉种类研究整形修剪方案及修剪内容。② 具体操作：先修剪枯枝、残花、残叶，再修剪徒长枝、过弱枝、砧木萌蘖。③ 根据株形培养计划，去除多余枝或叶，根据花期及花枝断，确定摘心、抹芽、摘蕾数量。

（3）选定盆花作为材料，由教师指导学生进行常规管理。① 盆花的根外追肥：用 0.2%

的尿素稀释液喷洒花卉叶片，盆中施入有机复合肥颗粒。② 把握花盆按"见干见湿、宁干勿湿、宁湿勿干、间干间湿"的浇水原则浇水。

四、作 业

实训报告要求：以月季花为例，整理周年整形、修剪的时间和技术处理。记录施肥的方法和浇水方法，掌握"见干见湿、宁干勿湿、宁湿勿干、间干间湿"情况。

模块二

应用性实训

实训 24 菊花的品种分类

背景知识

菊花为菊科菊属多年生草本花卉，是我国十大传统名花之一，也是世界著名花卉，已有 3 000 余年的文字记载。菊花色泽艳丽，气味淡雅，再加上其可食、可酿、可饮、可药，因此具有很高的观赏、药用和食用价值。菊花经自然杂交和长期选择演化而来。经过世界各地的广泛传播和培育，形成了一个极其丰富的品种资源库，目前全世界菊花品种总数为 20 000～300 000，仅在我国就有 3 000 多个。

菊花品种分类研究已涉及形态学、孢粉学、数据值分类学、细胞分类学及分子生物学等诸多领域。我国古代学者已对菊花品种的选育、记载与简单分类进行了描述。20 世纪 40～50 年代，我国学者即开始着手对菊花品种进行系统的调查与整理。但对菊花品种收集与整理工作做得最为系统的，是 1983—1990 年南京农业大学李鸿渐教授对全国菊花品种资源进行的全面调查，主要以花型、瓣型、花色、花径形态特征为主要依据，对菊花品种类型进行了深入、细致的分类研究。1963 年，汤忠浩曾提出四级分类方案。1965 年，张树林曾提出三级分类方案，将菊花品种归为 2 系统、3 瓣型、25 花型。1982 年，中国园艺盆景学会第二届菊花展览期间讨论了菊花分类，提出三级分类方案，此方案共 5 类 30 花型 13 亚型。目前，在传统形态学分类研究的基础上，孢粉学、细胞分类学、同工酶分类、分子生物学等众多实验生物学手段也应用到菊花品种的分类与起源研究上，使菊花品种的科学分类研究得到进一步深入。

一、实训目的

通过对菊花品种的分类和识别，使学生初步掌握菊花的起源和分类的主要方法，特别是菊花品种的形态分类方法。

二、菊花品种形态分类的依据

（一）按颜色

这是中国最早的分类法。宋代刘蒙《菊谱》就是依花色将 36 个品种分为黄 17 品、白 15 品与杂色 4 品。

（二）按高矮

按菊株高矮分为高（1 m 以上）、中（0.5~1 m）、矮（0.2~0.5 m）3 类。

（三）按花期

按开花季节不同，分为春菊、夏菊、秋菊、冬菊等。秋菊按花期又分为早、中、晚 3 类。

（四）按花瓣

1982 年全国园艺学会在上海召开的全国菊花品种分类学术讨论会，将秋菊中的大菊分为 5 个瓣类 30 个花型和 13 个亚型。现列举如下：

1. 平瓣类
宽带型、荷花型、芍药型、平盘型、翻卷型、叠球型。

2. 匙瓣类
匙荷型、雀舌型、蜂窝型、莲座型、卷散型、匙球型。

3. 管瓣类
单管型、翎管型、管盘型、松针型、疏管型、管球型、丝发型、飞舞型、钩环型、璎珞型、贯珠型。

4. 桂瓣类
平桂型、匙桂型、管桂型、全桂型。

5. 畸瓣类

龙爪型、毛刺型、剪绒型。

（五）按种型

按品种演化次序和栽培、应用进行分类。

1. 小菊系（在正常栽培状况下花径小于 6 cm）

（1）小轮型。
（2）小球型。
（3）小星型。
（4）小桂型。

2. 中、大菊系（在自然栽培状况下花径大于 6 cm）：

（1）瓣子花类（舌状花以平瓣为主）：
① 单瓣型。
② 复瓣型。
③ 莲座型。
④ 翻卷型。
⑤ 球型。
⑥ 卷散型。
⑦ 垂带型。
（2）管子花类（舌状花为管瓣）：
① 管球型。
② 管盘型。
③ 披散型。
④ 松针型。
⑤ 舞环型。
⑥ 珠管型。
（3）桂瓣花类（筒状花呈托桂状）：托桂型。
（4）畸形花类（小花密生毛刺及先端开裂若龙爪等）：
① 毛刺型。
② 龙爪型。

（六）按花径

1. 大 菊

花径 10 cm 以上。

2. 中　菊

花径 6~10 cm。

3. 小　菊

花径 6 cm 以下。

（七）按日照反应

将菊花品种分为极敏感品种（遮光到现蕾需 15~19 天）、较敏感品种（需 20~24 天）、敏感品种（需 25~29 天）、不敏感品种（需 30~34 天）和极不敏感品种（需 34 天以上）。

（八）按栽培和应用方式分类

1. 盆栽菊

（1）独本菊：一株只开一朵花，又称标本菊。
（2）案头菊：一株一花，株矮（仅 20 cm），花朵大，常陈列在几案上欣赏。
（3）立菊：一株数朵花，又称多头菊。

2. 造型菊

（1）大立菊：一株花几百朵至几千朵。
（2）悬崖菊：分枝多、开花繁密的小菊整枝呈悬崖状态。
（3）盆景菊：由菊花制作的桩景或菊石相配的盆景。

3. 切花菊

供剪切下来用作插花或制作花束、花篮和花圈的品种。

4. 花坛菊

用于布置花坛及岩石园的菊花。

三、材料及方法步骤

以生物园、植物园或每年的菊花展的菊花品种为实验材料，先由指导老师讲解，然后分小组（4~5 人一组）逐一对品种进行观察、识别、记载和照相。

四、作　业

（1）各小组统一完成下列记载表（表 24.1）

（2）菊花品种按瓣型可分为哪几种类型？分别举例说明。

表 24.1　菊花品种分类记载表

序号	名　称	花色	花期	瓣型	株高	大小	用途

地点：　　　　小组：　　　　记载人：　　　　日期：

实训 25　花期调节与控制技术

背景知识

　　花期调控是广大园艺工作者十分关注的重要问题。通过花期调控可以使花卉集中在同一个时期开花，为节假日或其他需要的场合提供定时用花；也能使花卉均衡生产，解决市场上的旺淡矛盾。花期调控的核心问题就是如何促进或抑制花芽分化。花芽分化及开花的理论概括起来有以下几点：① 碳氮比（C/N）学说：该学说认为植物体内含氮化合物与同化糖类含量的比例是决定花芽分化的关键，当含碳化合物含量较高时，花芽分化受促进；含氮化合物含量较高时，营养生长受促进。② 春化作用：大量研究表明，植株感受低温的部位是茎尖分生组织有丝分裂旺盛的细胞和处于生长旺盛时期的幼叶，某些二年生植物和一些冬性一年生植物必须经过一定时期的低温，才能形成花原基。③ 光周期现象：根据植物对光周期的反应，可将其分为 3 种类型，即短日照植物、长日照植物与日中性植物。使长日照植物开花的最短日照长度，或使短日照植物开花的最长日照长度，称为临界日长。日照长度大于此值，则短日照植物不能开花，小于此值则长日照植物不能花芽分化。④激素平衡学说：该学说用 GA_3（赤霉素）/CTK（细胞分裂素）或 CTK/GA_3 的平衡来解释花芽分化。现已发现，花芽分化不但与 CTK/GA_3 有密切的关系，还与 CTK/ABA（脱落酸），IAA（吲哚乙酸）/ABA，ZR（玉米素）+IAA/GA_3 等比值有密切关系。

一、实训目的

通过实验，使学生进一步了解影响植物开花的因素，掌握对这些因素进行调节的常用手段，达到花期控制与调节的目的，并了解各种调控技术在生产上的应用。

二、材料及用具

1. 材　料

一品红、菊花、月季、大丽花、一串红等。

2. 用　具

光照培养箱、照明灯泡、黑布、盆具、各种工具。

3. 药　品

乙烯利、GA_3、过磷酸钙、磷酸二氢钾、尿素、NAA 等药品。

三、说　明

植物在经过一定的营养生长后，要有一定条件才能开花，如达不到要求的条件，就会停留在营养生长阶段而不开花。在栽培上正是通过人为对植物开花的某一个主导因子进行调控，以达到人为提早或延迟开花的目的。影响植物开花的因素主要有日照长度、温度、水分、内源激素以及养分等。各种植物影响其开花的主导因子不一样，因此，在进行调控栽培时，要了解植物开花的特性。如菊花、一品红、宝巾花等要在短日照条件下开花，山茶、杜鹃等要经低温期才开花，一串红、月季等可四季开花，营养生长是影响因素；荷包花、苍耳等是长日照植物，在长日照下开花。而对大多数植物而言，水分变化会引起体内激素的变化，如缺水条件下，容易产生催熟激素，提早开花；而水分充足，则内源催熟激素生成减少。养分条件对植物的开花也有一定作用，如磷、钾肥可促进提早开花，而氮素会促进营养生长，延迟开花。因此，在进行花期调控时，想提早开花，可针对主要因子适其道而行之，想延迟开花则反其道而行之。

四、方法与步骤

1. 制水控制法

每组选 10 盆植物，分成 2 组，一组制水管理，一组正常淋水，比较两组的开花时间、数量、着花枝位。制水时给予极少水分，使叶片呈缺水下垂状，但要防止过度脱水造成落叶，即保持半脱水状态，持续 2～3 周，见花芽时回复正常淋水。

2. 光照控制法

全班分成 5～6 组，每组取一个不同的菊花品种 15 盆，分成 3 个组别，一个给予自然光照，一组 7：30 开始延长照灯 4 h，一组从下午 17：00 时起用黑布遮光至早上 8：00，延续 6 周，均回复自然光照，比较同一品种不同处理时的开花时间、质量变化，最后将全班数据合起比较品种间的差异。

3. 温度与药物控制法

以一品红为试验材料，每组选 15 盆，分成 3 个组别，一组置于昼夜温度为 20/10 ℃，每天 12 h 光照的光照培养箱中；一组于自然条件下每 10 d 喷 5×10^{-5} 乙烯利一次，共 3 次；一组在自然条件下作对照，比较每种处理时植株始花日期、花数变化。

4. 摘心控制法

可以选一串红或月季作为供试材料，选同时繁殖种苗各 10 株，分成 2 组，一组不作摘心或修剪，任其自然生长，一组摘心或修剪一次，分别记录始花时间或修剪至始花时间，比较其差异。

五、作　业

（1）可根据具体情况，选择其中 1～2 种方法进行试验，每种方法可设一个处理梯度系列进行。

（2）将实验结果按表 25.1 整理，并对结果加以分析说明。

表 25.1　各种方法不同处理对开花的影响记录表

处理方法	种类	Ⅰ			Ⅱ			Ⅲ		
		始花/d	花径/cm	花数	始花/d	花径/cm	花数	始花/d	花径/cm	花数

实训 26 菊花造型栽培

背景知识

菊花（*Dendranthema morifolium*）原产中国，在中国有着悠久的栽培历史。在漫长的岁月中，勤劳聪慧的中国劳动人民不仅培育了丰富的菊花品种，还大力发展提高了菊花栽培技艺，创造了独具特色的中华菊花造型。这些经过艺术加工整形后的菊花形式，其观赏价值倍增，成为中国盛行的菊花展览中景观布置和环境装点中不可缺少的一部分。中国传统菊花造型的发展大致分为3个阶段：起始阶段，即由东晋时期至唐代，菊花栽培渐盛；发展阶段，即宋代（960—1279 年）至元代（1279—1368 年），栽培技艺和造型技术大大提高；成熟阶段，即由明代（1368—1644年）至清代（1644—1911 年）栽培和造型技术日趋系统成熟，出现大量菊花专著，造型菊成为菊花会的重要内容。

菊花造型，即利用不同的菊花品种经过艺术处理，把菊株培育成一种特定的形式，以供观赏。根据菊花的造型技艺可将其分为独本菊、多本菊、案头菊和造型菊。其中造型菊依其样式的不同，分为大立菊、悬崖菊、塔菊、盆景菊以及其他造型的菊花扎景等。再往细分，大立菊与悬崖菊有大、中、小各型；而盆景菊又可根据其创作材料与方式的不同分为附石附桩盆景菊、菊树盆景和山水盆景菊三大类；其他造型的扎景还有动物、人物以及桥、门、亭、廊等形式。

一、实训目的

通过实训，使学生掌握菊花的各种造型的栽培技术，认识菊花造型栽培成形过程及了解整个栽培管理环节。

二、材料及用具

1. 材　料

凌波菊、板腊黄、小白莲、藤菊等品种菊种苗。

2. 用　具

照明灯泡、定时器、盆具、剪、钳、铁线等。

三、说　明

菊花是最常见的花卉之一，除了作切花栽培之外，也作盆栽应用。菊花的造型栽培在我国有着悠久历史，也深受人民的喜爱。菊花的造型栽培也是形式多样，较常用的有多头菊、独本菊、大立菊、塔菊、悬崖菊等，每一种造型栽培都有其特色。每一种造型栽培，其造型的方法都不同，栽培管理也不同。

四、方法与步骤

（一）多头菊栽培

一株有数朵花，是最常用的盆栽菊，一般节日摆花、家庭摆花多用此法。其方法与步骤如下：

1. 自然栽培

7 月中旬扦插育苗，生根后移至约 35 cm 盆中定植，定植后当苗高长到 12 cm 左右，留下部 4 ~ 6 叶摘心，留 3 ~ 5 芽，自然光照下，早期 2 周施肥一次；进入秋季旺盛生长期后每 7 ~ 10 d 施肥一次，直至破蕾时停止施肥，这样就有 3 ~ 5 朵花，如想再多开花，可当侧芽长至 8 ~ 10 cm 时再摘心一次，每侧芽留 2 芽，就有 6 ~ 10 朵花。开花时间一般在 11 月。

2. 控制栽培

主要针对春节用花的栽培。常在中秋前后 10 d 扦插育苗，生根后定植于 35 cm 托盆，每盆 1～2 株，定植后即行照灯延长光照，每天 4 h，距春节 65～75 d 时停止加光，具体依品种而有差异。其他管理与上同。

（二）独本菊栽培

一株只开一花，又称标本菊，用此法栽培的菊花，营养集中，花大，最能体现品种性状，是菊艺评比中必具项目。其方法如下：

1. 选　芽

在清明前后，选健壮母株地下萌出的脚芽进行扦插，15～20 d 生根。

2. 定植与摘心

当扦插苗长根后，用熟土或塘泥作植土，定植于 35 cm 花托，到六月中下旬，截茎，留茎长 7～10 cm，当茎上长出侧芽后，顺次由上而下剥去侧芽，选留最下部一个侧芽。此时气温已极高，要防止缩芽，可适当遮阴。

3. 培　育

到 8 月份，所留侧芽开始进入旺盛生长，当芽长至 5 cm 左右时，将原来老茎在芽上方 2 cm 处剪去，完成植株的更新工作。以后要精心护理，到 9 月份不能再遮阴，当植株长至 30 cm 左右，插竹固定防止长歪。当现蕾后，将顶蕾下面的侧蕾全部剥去，仅留顶花。到 11 月份就可开花。

（三）大立菊栽培

大立菊是一株开数百乃至数千朵的巨型菊花，在我国是用以衡量花工的技术水平的重要项目，也是菊花造型中最为复杂的方法。

1. 繁　殖

大立菊的繁殖一般用分株法，选用品种以大、中花型，分枝能力强的品种为主。分株时常在 11～12 月菊花开花后，选从地下长出的脚芽连根切下，栽植于 40 cm 盆中，盆土要施底肥。也可用蒿蒿菊做砧，选脚芽 2～3 个嫁接繁殖。目的是取得强健根系，特大型立菊常用此法。

2. 摘心与管理

当菊苗长至约 20 cm 时，进行第一次摘心，留 6～7 片叶，将下部芽去除，只留上部 4～

5 片叶时，各留 3 片叶进行第二次摘心，如此循环进行多次摘心，到 8 月中下旬进行最后一次摘心。夏季高温，要防止缩枝与脚叶脱落，可适当遮光。在管理中，要随植株生长情况更换大盆，通常开 200～300 朵花者要 60 cm 以上大盆，500～600 朵者要 80 cm 以上大盆，超千朵的要 1～1.2 m 的大盆。在生长期间每两周施肥一次，并保证水分充足。

3. 扎架整形

当菊花现蕾后，及时摘除顶蕾下部的侧蕾。现蕾后要扎架，先在盆中呈三角形插三支桩，高 15 cm 左右，然后在桩上扎一三脚架，用四号铁线扎 2～3 个同心圆，固定于三脚架上。上部也用铁线扎同心圆，由内至外呈半圆形展开，相距约入上部同心圆，并将花枝由内至外扎在竹枝上。继续常规管理至开花，就成大立菊了。

（四）悬崖菊造型

悬崖菊是模仿岩生植物自然悬垂的形态，通过人工整形栽培的造型形式。常用小花品种菊，如小白菊、杭白菊、藤菊等。其方法如下：

1. 繁　殖

在 11～12 月或清明前后，选取土中长出的脚芽分株繁殖。

2. 栽培与管理

用高身托盆或方盆定植，盆的大小根据栽培目标而定。定植后不摘心，让其自然分枝生长，当植株长至 30 cm 时，在盆上扎一个斜向下悬垂的骨架，骨架要上大下小。然后选主枝于中央引导到骨架上，选两个健壮侧枝，在主枝两侧一左一右向前引导，这 3 个枝都保留顶芽，其他枝条及以后长出的侧枝各留 2～3 叶摘心，如此反复进行，以促使多分枝，形成上宽下狭的株形。主枝、侧枝间隔一定距离引扎在骨架上。

（五）树菊栽培

树菊又称塔菊。树菊主要是用白茼蒿做砧，嫁接中小型品种菊，并搭一个圆锥形骨架引导而成的大型盆菊。通常是用茼蒿做高砧，在不同部位用芽接，顶部用劈接方法，也可接上不同花色品种而形成一树多花的优美树菊。近年也有用藤菊扎架引导栽培的方法栽培树菊，其繁殖也用脚芽分株的办法，定植后用主枝不摘心、各级侧枝摘心的方法成形。

五、作　业

根据操作步骤和心得，撰写实验报告。

实训 27　球根花卉种球处理技术

背景知识

　　采后处理是种球生产过程中不可缺少的重要环节,其技术的成熟度直接关系到种球的商品价值和下一茬的利用价值。荷兰是世界球根花卉种球生产的主导者,大约占了全球球根花卉种植面积的 55%, 占世界种球生产量的 75%。除了其得天独厚的地理环境和精湛的栽培技术,荷兰还致力于种球采收、处理和贮藏的研究,形成了一套高度专业化、机械化的种球采后处理技术。荷兰有专门采收种球的各种型号采收机和用于盛装种球的设备。种球采收后,采用不同型号的种球分级机,对种球进行周长和重量分级。为了控制种球的病虫害,贮藏前要对种球进行消毒处理,常采用化学药剂浸泡和具有优良的循环性能、准确的温度控制性能的热水处理。种球经消毒处理后,在具有自动温度、湿度控制和良好的通风设施的贮藏室进行贮藏。而且,贮藏室根据不同种球或同一种球在不同阶段对温度、相对湿度和通风的不同要求,设置成专门的种球干藏室、种球生根室和种球冷藏室。

　　在我国,由于采后处理不到位,采后百合种球与播种时种球数量相比,其商品率整体低于 40%,也曾因为贮藏不当,使百合种球腐烂率近 100%;彩色马蹄莲种球采收后普遍发生细菌性软腐和真菌性霉变,其传染性较强,传播速度很快,有时损失高达 50%以上,感染种球一经卖出即造成异地传染,严重影响种球的商品价值;唐菖蒲的大量种球在贮存 2 个月后就开始腐烂,5 个月后种球腐烂达率 50%以上,半年后健球率极低。因此,加强种球采后处理技术的系统研究迫在眉睫。

一、实训目的

通过实验，使学生了解球根花卉如麝香百合促成栽培时其种球处理的过程，掌握处理方法，并为其他球根花卉的种球处理提供思路。

二、材料及用具

1. 材　料

百合种球，径周 14~16 cm。

2. 用　具

塑料薄膜、木屑、水苔、枝剪、可调控低温培养箱、包装塑料箱。

三、方法与步骤

1. 采挖种球

于 6 月份其茎秆枯干后，选晴天采挖种球，按大小分类晾放于不落雨不漏光的棚架中风干，度过后熟期。

2. 包　装

7 月下旬，选种球 14~16 cm 的进行包装处理：

先把塑料薄膜放入箱内，然后在箱底放一层湿水苔、木屑等填充物，厚度约 5 cm，在填充物上放一层种球，种球间以填充物隔开，如此一层填充物一层种球，放满箱后，将塑料薄膜合拢扎紧。塑料薄膜需打一些孔，以便通气。

3. 种球温度处理

（1）将种球于种植前 6~7 周包装好后放入 13 ℃的冷藏箱中贮藏 6 周，然后取出定植，观察其开花情况。

（2）于种植前 6~7 周，将包装好的种球放入 13 ℃的冷藏箱中贮藏 2 周，然后将温度降至 8 ℃，冷藏 4~5 周，经过上述处理后，取出定植，观察其开花情况。

（3）将种球包装好后，先在 15 ℃温度下贮藏 4~5 天，然后将温度降至 9 ℃，保持 3 周，再将温度降至 0~5 ℃，保持 8 周。经过上述处理后，将种球贮藏于 -2 ℃温度下，分几次取出定植，观察其生长情况。

（4）将种球（未经处理）于 11 月中下旬直接进行定植，观察其生长情况。

通过上述 4 种处理，观察、比较麝香百合经不同处理时，其生长发育及开花时间的长短，从中归纳出处理（促成）的方法及花期控制。

四、作　业

实验完毕，进行小结，并撰写实验报告。

实训 28 水仙雕刻与浸养技术

背景知识

水仙是石蒜科水仙属的草本花卉。全球有几十种，花色也多种多样。中国水仙是多花水仙类的一种，在闽、浙、沪、云、川等地均有栽培。中国水仙色美味香，姿态幽雅，可以盆栽，也可水养，并可雕琢培植成千姿百态的造型盆景，显现独特的艺术魅力。民间还传说其能驱邪除秽，为人们带来吉祥。水仙是中国人最喜爱的传统花卉之一，至今已有 1 300 多年的栽培历史。从唐代起，已有记载宫廷栽培水仙，如单瓣水仙称为"金盏银台"。到了宋代又有了被称为"玉玲珑"的重瓣水仙。近年来，随着我国改革开放的不断深化，中国的水仙花已名扬世界，被誉为中国十大名花之一，并被人们普遍尊称为"凌波仙子"。水仙花叶色清秀，花朵芳香素雅，每当寒冬到来，很多老百姓喜欢在居室摆放水仙。人民大会堂外宾接待厅同样也摆放着水仙。因为它可使满屋香气四溢，春意盎然。在我国民间，每逢新年，人们都喜欢清供水仙，作为"年花"。海外侨胞、港澳台同胞也极喜爱这种花卉之佳品，许多人在异国他乡仍保留着供年花的传统。他们看到了水仙花，就想起了自己的祖国、家乡和亲人。水仙花成了友谊、幸福、吉祥如意和喜气盈门的象征。人们可领略漳州水仙花清雅幽香的风采和高超的雕刻造型技艺，恭喜发财、凌波仙子报春来、出水芙蓉、玉象荣归、鹤鸣湖畔、金鱼漫游、秋色肥蟹、玉壶春色、鸳鸯戏水、凤求凰、金鸡报晓、孔雀开屏等。

一、实训目的

通过实训，使学生了解水仙雕刻的种类，掌握企头（直箭）水仙和蟹爪（蚧爪）水仙的雕刻方法及水栽法。

二、材料及用具

1. 材　料

各种规格商品水仙头。

2. 用　具

雕刻刀、各种盆、脱脂棉等

三、方法与步骤

1. 企头水仙的雕刻

又称直箭水仙水栽。在距春节前 25~28 d 进行。

取健壮水仙头，把基部的头土除去，并用小刀挑去枯死的根，同时剥去褐色的包衣。用小刀在水仙头的两侧，各划 1~3 刀，深约 0.4 cm，后浸入水中 1~2 d，中途换水并把黏液洗干净。之后可把水仙头扶正，四周用卵石圈围住。以后天天换新水。

2. 蟹爪水仙的雕刻

在距春节 21~25 d 开始浸水。

取健壮水仙头，除去水仙头上的附着物如泥、老根、包衣等，浸水 2 d，其间换水并洗去黏液。水仙头吸饱水后，用水仙雕刻刀纵向削去水仙 1/3 以上的鳞茎，使水仙头内的花芽露出，但不要损伤花茎的任何地方。一般造型用 2~8 个水仙头，雕好后用竹签插拼成形。加工好后，把雕损面向下约 4 d，其根部盖上一团吸水棉花以利发根，浸水中至叶片由底开始向上弯转时才把雕损面反回向天。此后如有叶子不弯曲的还要用刀剔除不弯叶的一边的 1/3。水养过程中每天均要换水。

3. 水仙的矮化

用得较多的方法是在水仙头开始浸水一段时间，待根露白后，放入药液中数天，再换水按一般方法浸养。

取水仙头，按上述 1、2 方法处理后，水养几天，开始出根时，放入 15% 的 PP_{333} 可湿

性粉剂配成的 $(2 \sim 2.5) \times 10^{-3}$ 的溶液中 24 h，或用 $(5 \sim 10) \times 10^{-5}$ 的 PP_{333} 浸头 48 ~ 72 h，取出冲洗后用清水浸养。见蕾后喷一次 0.01% 的爱多收，可防止叶尖枯黄，延长寿命。

四、作 业

（1）注意观察不同处理方法的水仙由浸种至开花时间，撰写实验报告。

（2）绘制蟹爪水仙图，并标注各部位的名称。

（3）水仙养护过程中要注意哪些问题？

实训 29　东方自然式插花

背景知识

　　插花最早起源于古埃及和中国，古人很早就以花来祭祀神佛，以花来装扮自己、表达自己的情感。虽然插花来源于民间的生活习俗，但将其作为一门艺术，就应有别于民间信手拈来、随心所欲的插作，即插花艺术就是将具有观赏价值的切花花材，根据造型艺术原理，通过摆插而表现其活力和自然美的造型艺术，也可以说，它是以切花为素材，进行艺术造型的一项艺术创作活动。插花艺术发展至今，已有了百花齐放、百家争鸣的趋势，特别是在国际上东方插花的线条美为西方插花所崇尚，西方插花的技艺手法为东方花艺所采用。现今插花艺术受各种艺术思潮的相互影响，发展相当迅速。插花艺术源于生活却高于生活，不仅给人以艺术形态上美的享受，而且带给人以精神上的依托。东方传统式插花以表现植物的自然形态美见长，历代文人墨客无不从大自然中触发自己的创作灵感，创作者充分考虑花草树木的生长规律和自然形态，但绝非简单地摹仿这些原始形态，而是有创意地加以造型、修剪、设色等艺术加工，从而表现一个精练概括、抽象的自然，使作品达到一种"虽由人作，宛若天开"的境界。如表现梅花时，展现其横斜疏影的姿态；表现竹子时则在于展现其挺拔刚劲的气势。因此东方式插花艺术创作是一个源于自然、再现自然、高于自然的过程。

一、实训目的

通过实训，使学生掌握东方自然式插花的基本造型，熟悉黄金分割比例在插花中的运用，色彩的具体搭配，把握好动态的均衡，了解插花意境的表达，插花要点在作品中的具体应用。为以后其他各类花材的运用、花枝线条的表现及东方插花作品的欣赏打下基础。

二、实训说明

东方式插花通常以中国和日本为代表，它用花量不大，讲究每种花材的美妙姿态及巧妙配合，造型上以三大主枝为骨架的自然线条式插花，呈现出各种不对称的简洁优美的图形。花型构成上，第一主枝高度按黄金律的原则为花器口径加高度的 1.5～2 倍，第二主枝为 2/3 的第一主枝，第三主枝为 2/3 的第二主枝，再按第一主枝在盆、瓶中的位置及其他枝条角度的变换，形成直立型、倾斜型、平出型及倒挂型四种基本花型及其变型等（图 29.1）。

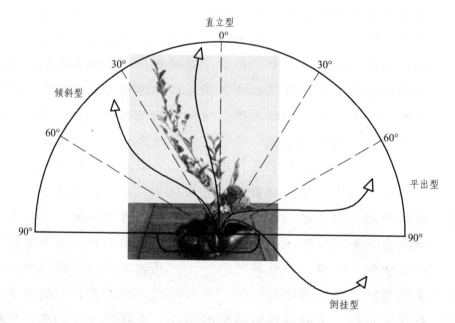

图 29.1　东方式插花的基本花型

插花时，注意插花六要点：小花在上，大花在下，花朵高低、前后错落，朝向动态变化，叶片陪衬花枝，并遮挡花泥。东方式插花自然清秀，适合于家居插花欣赏。

东方式插花水盘等用"剑山"固定花枝，花瓶等用"支架"固定花枝，"剑山"为一块较重的铅底铜针的钉板，可永远使用而不会损耗；"支架"则就地取材，用插花时剪下的较硬枝条或一次性筷子，根据瓶口大小和花材多少制成，以便夹紧花材固定。因此，东方式插花更为环保，在家庭和东方风格的公共环境中运用日趋普及。

三、材料及用具

1. 材　料

花材：香石竹 3~5 朵（可用非洲菊或者唐菖蒲、马蹄莲代替）、肾蕨 5 片（可用山草、鱼尾葵或姜叶代替），也可根据需要增加紫色勿忘我等。

2. 用　具

中号或大号剑山 1 只（可用 1/4 块大小的花泥代替）、水仙盆 1 只（可用圆形塑料针盘或者塑料包装纸包花泥代替）、透明胶带 1 卷、剪刀 1 把、水桶 1 只。

四、方法与步骤

（1）将剑山放在水仙盆一侧，或者小块花泥吸足水后，放在塑料针盘内，也可以用塑料纸包好，透明胶带粘住四周。

（2）按水仙盆或塑料针盘的（直径＋高度）×1.5~2.5 倍来确定第一主枝长度，第二主枝长度是第一主枝的 2/3，第三主枝长度是第二主枝的 2/3。其余 2 枝为陪衬花枝。

（3）按《插花与花艺》教材中标准直立型或其他造型示意图进行插花，注意花朵应上小下大，插花作品要有立体感。不要插在同一平面和立面上，花枝基部要集中些，起把宜紧。

（4）插好花后，再配插衬叶。若用花泥，插入花泥中的一段枝条，上面的小叶应去除干净，注意遮挡好花泥。

（5）插花、插叶均应插到底，看准角度，考虑好后，一步到位，最好不要来回拔插，造成花泥过于破碎，也使枝条末端受损。

（6）整件作品花、叶相配，叶片拉出花器外，增加边缘的曲线变化，前、后、侧面均应该具有立体感。

五、注意事项

东方式三主枝插花，对初学者来讲，容易使三主枝插在一个面上，侧面观看如同墙壁，缺乏高低层次及立体感。要把握好这个问题，插作时必须注意以下几点：

（1）开始搭骨架时，必须注意，三主枝务必不要插在一个平面上。

（2）其余花枝，要分别插在骨架顶点连线内的整个空间里，但务必分插在不同层次上，并以花枝长短、花朵大小及疏密、花色深浅等进行调节，增加层次感。千万不要把各种花枝都插成一个平面或一条线。

（3）插作过程中，要顾及整个造型的上部、中部和下部，以及前部、中部和后部，各方的相互关系。使花材有进有出，敢于拉出容器口外，不能只顾前不顾后，只顾上下不顾中部。

为此，在作品插完后，应根据上述要求，再检查调整一次，使各部分关系协调、富有层次，以增强立体感。

六、作　业

（1）如何确定插花的主枝与容器之间的比例？当容器不存在时，如何确定各主枝？

（2）东方自然式插花的花型构成有哪些？

（3）东方插花的基本造型有哪些？举插花实例分析？

（4）作品选用花材与意境表现之间的关系是什么？

（5）从插花作品平面、立面、侧面示意图分析东方插花立体感的表现。

（6）介绍东方自然式插花的主要技术要点，并附本人的插花作品照片。

实训 30　鲜切花保鲜

背景知识

　　我国鲜切花卉生产中，生产面积逐年增长，每年增长幅度达 20% 以上。然而，在鲜切花生产中，由于保鲜不佳所造成的经济损失相当严重，仅储藏保鲜环节的经济损失就达 40% 之多，这不仅极大地影响了其经济效益，还降低了我国切花参与国际竞争的能力。无论是鲜花生产商、销售商以及家庭插花爱好者，都非常关心如何延长鲜花观赏期这个问题。因此探明切花衰老机理及研究切花保鲜技术是当前的重要课题，具有重要的经济价值和现实意义。切花衰老直接影响其观赏价值，切花采后的衰老进程是由多种因子所控制的，其采后体内的生理变化是导致衰老的主要因素。切花在离开母体后就意味着开始走向衰老，这主要是由植物呼吸代谢和细胞成分水解这两个代谢决定的。各种因素之间可能存在着某些相互促进或相互抑制的关系，弄清楚它们的关系以及其交互作用下对植物的影响仍是以后重要的研究方向，为今后切花保鲜的研究、生产提供理论依据。

　　在了解引起鲜花衰老的内、外因后，可采用物理和化学方法进行鲜花的保鲜。国外的保鲜剂配方种类繁多，其中最著名的是美国人 1986 年提出的以 8-羟基喹啉柠檬酸盐（8-HQC）加蔗糖为核心的配方，大量的配方由此衍生。在商业上运用最成功的是将硫代硫酸银（STS）的预处理与商品保鲜剂相结合使用，效果较好。我国也研制出"艳花素""花乐"等保鲜剂，供应市场。

一、实训目的

通过实训，使学生了解鲜切花采后衰老原因和采取的保鲜方法等知识，由学生进行综合性实验设计，根据花材数量，设立对照和不同处理组，通过简单的保鲜方法，体会家庭简易保鲜法的方便性和实用性，从而提高对切花保鲜的认识及进一步深入研究的兴趣。

二、原 理

（一）切花衰老的机理

切花采收后隔断了花枝和母体间的联系，花瓣内部发生了一系列生理生化变化，蛋白质、核酸和磷脂等大分子物质和结构物质逐渐降解，失去其原有的生命功能；促进衰老的激素（乙烯）生成量迅速增加，加速了花瓣的衰老；质膜流动性降低、透性增加，最后导致细胞解体死亡，外观上表现为花瓣枯萎、脱落。此外，鲜切花采收后水分代谢遭到破坏，使花枝水分蒸腾量大于吸水量，导致花朵萎蔫。再者，溶液及花茎中微生物大量繁衍及其代谢产物堵塞花茎输导组织，影响水分吸收，也会加速切花的凋萎。根据这些原理，可以采用化学药剂抑制切花衰老的生理生化变化，保持水分平衡，以及使用杀菌剂等来延长切花的瓶插寿命（vase life）。

（二）保鲜剂的种类和成分

1. 保鲜剂的种类

（1）预处理液：是在切花采收分级之后、贮藏运输或瓶插前，进行预处理所用的保鲜液。其主要目的是促进花枝吸水、提供营养物质、灭菌以及降低贮运过程中乙烯对切花的伤害。

（2）催花液：是促使蕾期采收（正常商业采收期之前采收）的切花开放所用的保鲜液。其作用是缩短切花生长期，便于贮运，降低成本。

（3）瓶插液：是切花在瓶插观赏期所用的保鲜液。其作用是延长切花的观赏期。

2.保鲜剂的主要成分

（1）水：一般来说，自来水中的 Na、Ca、Mg、Fe 对切花有不利影响，使用蒸馏水或去离子水可以增加切花的瓶插寿命。溶液的 pH 对切花影响很大，低 pH（3~4）对切花有利，可抑制微生物的生长，阻止花茎堵塞。

（2）糖：糖为切花提供呼吸基质，维持生命活动；保护线粒体结构，维持其功能；阻止蛋白质的分解；维持生物膜的完整性。不同切花和不同保鲜剂所需的糖浓度不同，一般处理时间越长，糖浓度越低。

（3）杀菌剂：降低微生物对花枝水分平衡的破坏作用。8-羟基喹啉（8-HQ）及其盐 8-

羟基喹啉柠檬酸盐（8-HQC）和 8-羟基喹啉硫酸盐（8-HQS）。

（4）无机盐：无机盐能增加溶液的渗透势和花瓣细胞的膨压，有利于花枝水分的平衡，延长瓶插寿命。

（5）有机酸及其盐类：能降低保鲜液的 pH。常用的有柠檬酸、苯甲酸、异抗坏血酸等。

（6）乙烯抑制剂和拮抗剂：使用乙烯抑制剂和拮抗剂，如 Ag$^+$、STS（硫代硫酸银）、AVG（氨氧乙基乙烯基甘氨酸）和 AOA（氨氧乙酸）等，可抑制乙烯的产生和干扰乙烯发生作用，从而延缓切花衰老进程。

（7）植物生长调节物质：切花的衰老像其他生命过程一样，是通过激素平衡控制的。乙烯、ABA（脱落酸）促进花瓣衰老，CTK（细胞分裂素）、GA（赤霉素）延迟花瓣衰老，而生长素类具有延迟和促进花瓣衰老的双重作用。目前，在切花保鲜上应用较广泛的生长调节物质是细胞分裂素，如激动素、6-BA（6-苄基嘌呤）、IPA（异戊烯基腺苷）等。

三、材料及用具

1. 材　料

鲜切花 20 支，挑选颜色、长度、开放度尽量一致的。

2. 用　具

500 mL 的广口瓶或矿泉水瓶若干个，剪刀、大塑料桶、天平、水浴锅、烧杯、量筒、容量瓶、移液管等。

3. 常用药品

蒸馏水（或去离子水）、蔗糖、8-HQC（8-羟基喹啉柠檬酸盐）、STS（硫代硫酸银）或硝酸银、6-BA（6-苄基嘌呤）、柠檬酸等，可根据查阅的配方准备。

四、方法与步骤（以小组为单位，每小组 4~5 人）

（一）操作步骤

（1）切花复水。鲜切花整把倒握，花背面淋水，养于大塑料桶中，20~30 cm 高水位，充分吸水 1~2 h。

（2）配制瓶插液。按附表中的配方或自己查阅的配方配制保鲜液，每小组 1~2 L。

（3）在广口瓶或三角瓶或矿泉水瓶中分别装入 10~15 cm 高的处理瓶插液，每个配方可重复 3 次（瓶），并以等量的蒸馏水或去离子水为对照。

（4）花枝基部全部为封闭的末端，且花枝长度近似时，可以不剪，直接用于瓶插；若有些花末端已经剪过，花枝空心外露，或花枝长度相差过大，可以将花枝末端浸入水盆中，花枝留 30 cm 长，进行水中剪切后取出，迅速插于瓶中进行实验。

（5）瓶插的花朵应放置在散射光处，避免放在风口处和日晒处。

（6）根据切花的种类确定换水与否，瓶插时间长的应 5 d 换 1 次保鲜液。基部剪切过的，换水时最好重新更新切口，若天气干燥可每天定时对花朵喷水雾。

（二）观察记载

1. 观测记载项目

花枝鲜重变化、吸水量、失水量、水分平衡值、花朵直径、瓶插寿命、开花级数等。

2. 测定方法

（1）瓶插寿命（d）：自处理之日起至花朵 20%外缘花瓣萎蔫或黄化天数；

（2）鲜重变化率（%）＝ [（花枝鲜重 – 花枝初始鲜重）/花枝初始鲜重] × 100%；

（3）开花率（%）＝ [（绽放总数 – 初始绽放总数）/初始花、蕾数] × 100%；

（4）萎蔫脱落率（%）＝（萎蔫或脱落花、蕾总数/初始花、蕾总数）× 100%；

（5）吸水量（g）：称取玻璃瓶 + 去离子水质量，两次连续称量之差即为花枝吸水量；

（6）失水量（g）：称取玻璃瓶 + 去离子水 + 花枝质量，两次连续称量之差即为花枝失水量；

（7）水分平衡值 ＝ 花枝吸水量 – 花枝失水量。

（8）观察花朵的颜色、花瓣的饱满性及边缘的褐变情况、花枝的颜色及水的清浊程度。外观描述：花色变化、花瓣新鲜度、花枝浸水部分的手感滑度、水质清浊程度。

根据测定数据，画出开放度及开放天数曲线，比较不同处理条下的开放情况，结合实验材料与方法，分析实验结果，完成实验报告。

五、注意事项

（1）实验条件的一致性是实验正确与否的基本保证。如花的健壮度和开放度尽量一致，容器和水位一致，操作方法和时间一致，放置环境一致等。条件一致性：容器、水深度、同时换水和喷淋，放置环境的光照、温度、湿度一致。材料一致性：花朵开放度一致、花枝长度一致、留叶片数一致、剪切方法一致。

（2）每个步骤要做到位，尽量避免人为因素引起的误差。或者实事求是地按自己的操作和实验结果描述，不为别人的结果所影响。

（3）学生可根据条件进行实验设计，更换或增加花朵进行不同花材的对比实验；或选一种花材进行不同处理，对比保鲜结果。通过表观性状记录和描述，再结合某一生理生化指标进行分析。

六、作业

（1）影响切花衰老的因素有哪些？
（2）配制的保鲜剂中各成分分别具有什么作用？

附录：常见切花瓶插保鲜剂配方

切花种类	保鲜剂配方
香石竹	5% S + 200 mg/L 8-HQC + 20～50 mg/L 6-BA
	3% S + 200 mg/L 8-HQC + 5×10^{-5} 醋酸银
	4% S + 0.1%明矾 + 0.02%尿素 + 0.02% KCl + 0.02% NaCl
月季	4% S + 5×10^{-5} 8-HQC + 1×10^{-4} 异抗坏血酸
	5%S + 2×10^{-4} 8-HQC + 5×10^{-5} 醋酸银
	30 g/LS + 120 mg/L 8-HQC + 200 mg/L CA + 25 mg/L $AgNO_3$
菊花	35 g/LS + 30 mg/L $AgNO_3$ + 7.5×10^{-5}CA
唐菖蒲	4%S + 6×10^{-4} 8-HQC
非洲菊	20 mg/L $AgNO_3$ + 150 mg/LCA + 50 mg/L $Na_2HPO_4 \cdot 2H_2O$
	30 g/LS + 200 mg/L 8-HQC + 150 mg/L CA + 75 mg/L $K_2HPO_4 \cdot H_2O$
郁金香	50 g/LS + 0.3 g/L 8-HQC + 0.05 g/L CCC
百合	5% S + 50 mg/L 8-HQC + 150 mg/L CA + 10 mg/L 6-BA
满天星	2% S + 200 mg/L 8-HQC

注：S—蔗糖；8-HQC—8-羟基喹林柠檬酸盐；6-BA—6-苄基嘌呤；

CA—柠檬酸；CCC—矮壮素

实训 31 花卉生产的设施及配套设备

背景知识

设施栽培在花卉生产中的作用主要表现在以下几个方面：① 加快花卉种苗的繁殖速度。在园艺设施内进行观叶植物种苗的生产，可以一年四季向生产者提供优质的种苗。② 提高花卉的品质。由于许多花卉种类原产于世界各地，习性各异。通过设施调控可较好地满足其生长发育需要的气候条件，从而提高品质。③ 提高花卉对不良环境的抵抗能力，提高经济效益。花卉生产的不良环境条件如夏季高温、暴雨、台风和冬季霜冻、寒流等，都会给花卉生产带来严重的经济损失。④ 打破花卉生产和流通的地域限制。花卉和其他园艺作物的不同在于观赏上人们追求"新、奇、特"。各种花卉栽培设施在生产和销售各个环节中的运用，使原产南方的花卉如巴西铁、发财树和富贵竹等顺利进入北方市场，也使原产北方的牡丹等花卉品种花开南国。⑤ 大规模集约化生产，提高劳动生产率。设施栽培的发展，尤其是现代化温室环境工程的发展，使花卉生产的专业化、集约化程度大大提高，提高了单位面积的产量和产值，劳动生产率也提高了。

一、实训目的

通过参观调查，使学生了解花卉生产中常见的设施类型，了解不同设施的基本结构和特点，了解设施中主要配套设备。

二、材料及用具

1. 材　料

当地生产企业和农村的栽培设施。

2. 工　具

照相机、教材、记录本、皮尺、钢卷尺等。

三、花卉生产的主要设施类型

（一）温　室

温室是以采光覆盖材料为全部或部分围护结构材料，可以人工调控温度、光照、水分、气体等环境因子的保护设施。

温室可分为不同类型：按覆盖材料可分为硬质覆盖材料温室和软质覆盖材料温室。硬质覆盖材料温室最常见的是玻璃温室，近年出现聚碳酸树脂（PC板）温室；软质覆盖材料温室主要为各种塑料薄膜覆盖温室。按屋面类型和连接方式，可分为单屋面、双屋面和拱圆形；又可分为单栋和连栋类型。按主体结构材料可分为金属结构温室，包括钢结构、铝合金结构；非金属结构温室，包括竹木结构、混凝土结构等。按有无加温又分为加温温室和不加温温室，其中日光温室是我国特有的不加温或少加温温室。

1. 日光温室（图 31.1）

（a）内部实景

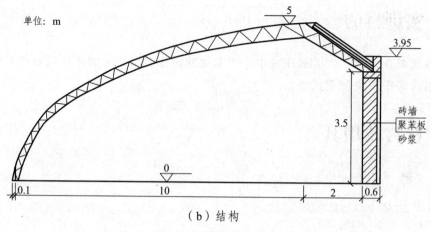

单位：m

（b）结构

图 31.1　日光温室

日光温室大多是以塑料薄膜为采光覆盖材料，以太阳辐射为热源，靠采光屋面最大限度采光和加厚的墙体及后坡、防寒沟、纸被、草苫等最大限度地保温，达到充分利用光热资源，创造植物生长适宜环境的一种我国特有的保护栽培设施。

日光温室的基本结构分为：

（1）前屋面（前坡，采光屋面）前屋面是由支撑拱架和透光覆盖物组成的，主要起采光作用。为了加强夜间保温效果，在傍晚到第二天早晨用保温覆盖物如草苫覆盖。采光屋面的大小、角度、方位直接影响采光效果。

（2）后屋面（后坡，保温屋面）后屋面位于温室后部顶端，采用不透光的保温蓄热材料制成。主要起保温和蓄热的作用，同时也有一定的支撑作用。

（3）后墙和山墙后墙位于温室后部，起保温、蓄热和支撑作用。山墙位于温室两侧，作用与后墙相同。通常一侧山墙外侧连接建有一个小房间，作为出入温室的缓冲间，兼做工作室和贮藏间。

上述三部分为日光温室的基本组成部分，除此之外，根据不同地区的气候特点和建筑材料的不同，日光温室还包括立柱、防寒土、防寒沟等。

2. 现代温室

现代温室通常简称连栋温室或俗称智能温室，是设施园艺中的高级类型，主要指设施内的环境能实现计算机自动控制，基本上不受自然气候条件下灾害性天气和不良环境条件的影响，能全天候周年进行设施园艺作物生产的大型温室。现代温室主要有文洛型玻璃温室（Venlo type）、里歇尔（Richel）温室、卷膜式全开放型塑料温室（Full open type）和屋顶全开启型温室（open-roof greenhouse）等，应用最普遍的是文洛型玻璃温室（Venlo type）。

（1）文洛型玻璃温室的主要参数。

Venlo 型温室是我国引进玻璃温室的主要形式，是荷兰研究开发而后流行全世界的一种多脊连栋小屋面玻璃温室（图 31.2）。温室单间跨度一般为 3.2 m 的倍数，开间距 3 m、4 m 或 4.5 m，檐高 3.5 ~ 5.0 m。根据桁架的支撑能力，可组合成 6.4 m、9.6 m、12.8 m 的多脊连栋型大跨度温室。覆盖材料采用 4 mm 厚的园艺专用玻璃，透光率大于 92%。开窗设置以屋脊为分界线，左右交错开窗，每窗长度 1.5 m，一个开间（4 m）设两扇窗，中间 1 m 不设窗，屋面开窗面积与地面面积之比（通风比）为 19%。

图 31.2　文洛型玻璃温室

（2）文洛型温室的主要特点。

① 透光率高。

由于其独特的承重结构设计减少了屋面骨架的断面尺寸，省去了屋面檩条及连接部件，减少了遮光；又由于使用了高透光率园艺专用玻璃，使透光率大幅度提高。

② 密封性好。

由于采用了专用铝合金及配套的橡胶条和注塑件，温室密封性大大提高，有利于节省能源。

③ 屋面排水效率高。

由于每一跨内有 2～6 个排水沟（天沟数），与相同跨度的其他类型温室相比，每个天沟汇水面积减少了 50%～83%。

④ 使用灵活且构件通用性强。

这一特性为温室工程的安装、维修和改进提供了极大方便。

文洛型温室在我国，尤其是我国南方应用的最大不足是通风面积过小。由于其没有侧通风，且顶通风比仅为 8.5% 或 10.5%，在我国南方地区往往通风量不足，夏季热蓄积严重，降温困难。近年来，我国针对亚热带地区气候特点对其结构参数加以改进、优化，加大了温室高度，并加强顶侧通风，设置外遮阳和水帘-风机降温系统，增强抗台风能力，提高了在亚热带地区的效果。

（3）配套设备。

现代温室除主体骨架外，还可根据情况配置各种配套设备以满足不同的生产需要。

① 通风系统。

通风系统包括自然通风系统和设置排风扇两种系统。依靠自然通风系统是温室通风换气、调节室温的主要方式，一般分为：顶窗通风、侧窗通风和顶侧窗通风等三种方式。排风扇一般放置在温室夏季背风一侧的墙面或窗口。循环风扇则按一定的方向安装在温室内的半空中。

② 加热系统。

加热系统与通风系统结合，可为温室内作物生长创造适宜的温度和湿度条件。目前冬季加热多采用集中供热、分区控制方式，主要有热水管道加热和热风加热两种系统。

a. 热水管道加热系统。该系统由锅炉、锅炉房、调节组、连接附件及传感器、进水及回水主管、温室内的散热管等组成。热水加热系统在我国通常采用燃煤加热，其优点是室温均匀，停止加热后室温下降速度慢，水平式加热管道还可兼作温室高架作业车的运行轨道；缺点是室温升高慢，设备材料多，一次性投资大，安装维修费时费工。温室面积规模大的，应采用燃煤锅炉热水供暖方式。

b. 热风加热系统。该系统是利用热风炉通过风机把热风送入温室各部分加热的方式。该系统由热风炉、送气管道、附件及传感器等组成。热风加热系统采用燃油或燃气加热，其特点是室温升高快，但停止加热后降温也快。热风加热系统还有节省设备资材、安装维修方便、占地面积小、一次性投资小等优点，适于面积小、加温周期短的温室选用。

此外，温室的加温还可利用工厂余热、太阳能集热加温器、地下热交换等节能技术。

③ 幕帘系统。

幕帘系统包括帘幕系统和传动系统，帘幕依安装位置的不同可分为内遮阳保温幕和外遮阳幕两种。

幕帘的传动系统有钢索轴拉幕系统和齿轮齿条拉幕系统两种。前者传动速度快，成本低；后者传动平稳，可靠性高，但造价略高，两种都可自动控制或手动控制。

④ 降温系统。

a. 微雾降温系统。其形成的微雾在温室内迅速蒸发，大量吸收空气中的热量，然后将潮湿空气排出室外，达到降温目的，如配合强制通风效果更好。其降温能力在 3～10 ℃ 之间，是一种较新的降温技术。

b. 水帘降温系统。该系统是利用水的蒸发降温原理来实现降温的技术设备。通过水泵将水打至温室特制的疏水湿帘，水帘通常安装在温室北墙上，以避免遮光，影响作物生长。风扇则安装在南墙上，当需要降温时启动风扇将温室内的空气强制抽出并形成负压。室外空气在因负压被吸入室内的过程中以一定速度从水帘缝隙穿过，与潮湿介质表面的水汽进行热交换，导致水分蒸发和冷却，冷空气流经温室吸热后再经风扇排出达到降温目的。

⑤ 补光系统。

采用的光源灯具要求有防潮设计、使用寿命长、发光效率高，如生物效应灯及农用钠灯等，悬挂的位置宜与植物行向垂直。

⑥ 补气系统。

a. 二氧化碳施肥系统。CO_2 气源可直接使用贮气罐或贮液罐中的工业用 CO_2，也可利用 CO_2 发生器将煤油或石油气等碳氢化合物通过充分燃烧而释放 CO_2，我国普通温室多使用强酸与碳酸盐反应释放 CO_2。

b. 环流风机。在封闭的温室内，CO_2 通过管道分布到室内，均匀性较差，启动环流风机可提高 CO_2 浓度分布的均匀性。

⑦ 灌溉和施肥系统。

包括水源，贮水池及供给设施，水处理设施，灌溉和施肥设施，田间管道系统，灌水器如喷头、滴头、滴箭等。

⑧ 计算机自动控制系统。

计算机自动控制系统是现代温室环境控制的核心技术，可自动测量温室的气候和土壤参数，并对温室内配置的所有设备实现优化运行和自动控制，如开窗、加温、降温、加湿、光照和补充 CO_2、灌溉、施肥和环流通气等。

（二）大　棚

塑料拱棚是指不用砖石结构围护，只以竹、木、水泥或钢材等做骨架，在表面覆盖塑料薄膜的拱形保护设施。棚顶结构多为拱圆形，一般不进行加温，主要靠太阳光能增温，依靠塑料薄膜保温。为了提高保温效果，可以在塑料薄膜外覆盖草苫等保温覆盖物。根据空间大小，塑料拱棚可分为小拱棚、中拱棚和大拱棚。大棚的类型如图 31.3 所示。

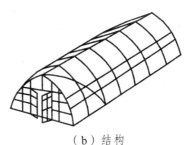

（a）外部实景　　　　　　　　　　（b）结构

图 31.3　大棚

1．小拱棚

小拱棚是我国目前应用最为普遍的保护设施之一，主要用于春提早、秋延后栽培，也可用于育苗。小拱棚跨度一般为 1.5 ~ 3 m，高 1.0 ~ 1.5 m，长度根据地形而定，但一般不超过 30 m。主要以毛竹片、细竹竿、钢筋等为支持骨架拱杆间距 30 ~ 50 cm。

小拱棚结构简单，取材方便，成本低廉，因而受到广大花农喜爱。小拱棚主要在冬春季节应用，为了保证光照均匀，宜建成东西延长方向。为提高保温效果，可在夜间覆盖草苫保温。

2．大中拱棚

大中拱棚是面积和空间比小拱棚大的拱棚类型。一般将跨度在 6 m 以上、高度 2.5 m 以上的拱棚称为塑料大棚。而把跨度为 3 ~ 6 m，高度 1.8 ~ 2.3 m 的拱棚称为中棚。可见，中棚是介于小棚和大棚之间的过渡类型。

塑料大棚是利用竹木、钢材或钢管等材料制成拱形或屋脊形骨架，覆盖薄膜而成的。大棚空间大，透光效果好，白天增温快，造价低，使用方便，应用广泛。

根据使用材料和结构特点的不同，目前我国使用的大棚主要有竹木大棚、无立柱钢架大棚和装配式镀锌钢管大棚等。大棚还有单栋大棚和连栋大棚之分（图 31.4）。

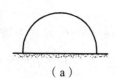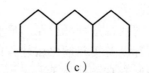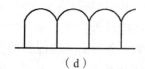

（a）　　　　　　（b）　　　　　　（c）　　　　　　（d）

图 31.4　大棚的类型

大棚的温度变化是随外界日温及季节气温变化而变化的。大棚内上部光强而下部光弱。由于棚膜不透气，棚内易产生高温高湿，造成病害发生。大棚可以作为花卉的越冬设备，夏天可以拆掉薄膜作露地花场使用。在北方可以代替日光温室或进行大面积草花播种和落叶花木的冬插及菊花等一些花卉的延后栽培。在南方则可用来生产切花，或供亚热带花卉越冬使用。

3. 荫　棚

荫棚常用来养护阴性和半阴性花卉及一些中性花卉。一些刚播种出苗和扦插的小苗，刚分株、上盆的花卉夏季置于半荫之地，温度、湿度条件变化平稳，利于缓苗发育。如龟背竹、广东万年青、文竹、一叶兰、八仙花、南天竹、朱蕉、棕竹、蒲葵、君子兰、吊兰等常在荫棚下养护。荫棚设置尽量靠近温室，在地势高燥、排水好、不积雨的地方，利于春季花木从温室中运至荫棚。荫棚下铺一层炉渣或粗沙利于水分下渗。南侧、西侧有树林最好，也可用竹栅等挡光。荫棚多用钢筋混凝土柱，也可用木柱或钢柱，约 15 cm 方圆、3 m 高，埋入地下 50 cm 压实，每隔 3 m 一根柱，东西向长，南北向宽，宽 6～7 m 为好。立柱顶端引一铁环固定檩条用。横、竖向用大竹竿、杉木棍捆牢，再用竹竿按东西向铺设椽材，每隔 30 cm 一根，捆牢。棚顶上面遮阴材料用竹帘、苇帘等，也可用固定牢固的遮阴网遮阴。荫棚的形式如图 31.5 所示。

图 31.5　荫棚

四、方法和步骤

按小组（4～5 人）通过参观、访问、咨询和查阅文献等方式，逐步了解温室、大棚和荫棚等设施的结构、作用和特点。

五、作　业

（1）常见的花卉生产设施主要有哪些类型？温室中有哪些的配套设备？
（2）结合你参观的实际，绘出每种设施的结构示意图。

模块

三

综合性实训

实训 32　花卉无土栽培

背景知识

　　无土栽培技术的发展水平和应用程度已经成为世界各国农业现代化水平的重要指标之一。我国无土栽培技术自 20 世纪 80 年代改革开放以来已经得到了飞速的发展。21 世纪是花卉产业高度发展的时代，无土栽培技术在花卉方面的应用将会进一步促进花卉工厂化生产的实现。无土栽培（soilless cultur e）指的是不用天然土壤，而是用基质或营养液进行栽培，其代替土壤的基质是砂、陶粒、泥炭土、蛭石、岩棉等，肥料为已配制好的、营养丰富的无机肥料，也可施用腐熟、无臭无味、不传染疾病的有机肥料。花卉无土栽培则是利用无土栽培技术进行花卉的种植。随着无土栽培技术的不断成熟，加上科技人员的不断创新，最近几年花卉无土栽培技术取得了长足进步。花卉无土栽培目前生产上采用较多的栽培形式主要有水培和基质培。水培主要用于鲜切花的生产，多采用营养液膜技术（NFT）栽培；而大多数花卉则以基质栽培为主，栽培形式有槽栽、袋栽、盆栽、立柱式栽培等。花卉无土栽培是 21 世纪国际花卉产业的发展趋势，如荷兰有近 1 万 hm^2 的温室基本实现无土栽培花卉，美国将花卉的无土栽培列为农业的十大技术加以开发推广。

一、实训目的

通过实训，使学生了解花卉无土栽培的方法与技术，比较无土栽培与常规栽培对花卉生长的影响，为日后推广应用打下基础。

二、材料、用具及药品

1. 材料

千日红、白蝴蝶种苗。

2. 用具

花盆（12 cm）、塑料薄膜、直尺、粗天平、烘箱、牛皮滤纸、标签等。

3. 药品

硝酸钾、硝酸钙、过磷酸钙、硫酸镁、硫酸铁、硼酸、硫酸锰、硫酸锌、硫酸铜、钼酸铵等。

三、说明

无土栽培是不用土壤而采用无机化肥溶液，也就是营养液栽培植物的技术。无土栽培可分为完全用水溶液种植物的水培和用非土壤基质固定栽培的基质培两大类。无土栽培中关键的是营养液配制与 pH 控制，营养液主要由大量元素和微量元素组成，目前使用的配方很多，不同的配方矿物元素的搭配与配比均不同。pH 的变化会影响植物对有效成分的吸收，因此要在培养过程中不断校验溶液的 pH，一般每周要检测一次，当 pH 高于要求（偏碱）时可用磷酸调节，当 pH 低于要求（偏酸）时可用氢氧化钠调节。一般不同配方 pH 要求不同，范围多在 pH 6~7 之间。

本实验采用汉普营养液，本配方是在花卉上应用较多、效果较好的配方，培养时 pH 在 6.2~6.5 最好。其配方如表 32.1 所示（浓度为使用浓度）

表 32.1　汉普营养液化合物配方

大量元素/（g/L）		微量元素/（g/L）	
KNO_3	0.7	H_3BO_3	0.0006
$Ca(NO_3)_2$	0.7	$MnSO_4$	0.0006
20% P_2O_5	0.8	$ZnSO_4$	0.0006
$MgSO_4$	0.28	$CuSO_4$	0.0006
$Fe(SO_4) \cdot H_2O$	0.12	$(NH_4)MOP_{24} \cdot 4H_2O$	0.0006
总计	2.28	总计	0.003

四、方法与步骤

1. 对照实验

用常规土栽作为对照，用塘泥或熟土做基质，用 12 cm 口径胶盆将同批播种规格一致的种苗定植。定植 1 周后，每周每盆施 0.1%的复合肥一次，每盆每次淋肥 200 mL。其他时候进行常规淋水管理，整个实验延续 5 周。每个品种植 5 株为一个重复，设 2 个重复，插上标签作记录。

2. 营养液的配制

按表 32.1 的配方进行，配液时大量元素和微量元素分开配制，使用时再混合。混合时大量元素可按使用浓度的 10 倍或 100 倍配制母液，微量元素配成 1000 倍母液，使用时按比例稀释。

3. 基质栽培

基质栽培使用的基质很多，如蛭石、珍珠岩、泥炭、沙砾、木屑、陶粒等。栽培方法也有盆栽、基质槽栽等（图 32.1、图 32.2）。

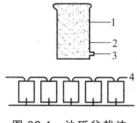

图 32.1　沙砾盆栽法

1—盆；2—沙石；3—排液口；4—供液管；5—排液管

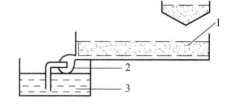

图 32.2　美国乐绞沙砾槽栽法

1—沙；2—泵；3—贮液池

本实验用泥炭基质盆栽法，由于条件限制，不使用供排液循环系统。每个品种按 1 法定植 5 株，设 2 个重复，每周淋营养液一次。

4. 水培法

本法无需用固定基质，只需加一个固定杯将根系直接置于培养液中，栽培方法有液膜水培和 M 式水培等（图 32.3、图 32.4）。

图 32.3　液膜水培法

1—给水管；2—循环泵；3—贮液池；4—流液槽

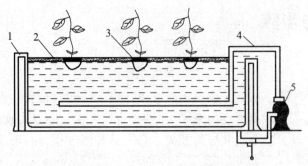

图 32.4　M式水培法及设备

1—控制板；2—硬泡沫塑料板；3—定植盖；4—送液管；5—泵；6—回液管

由于条件限制，本实验用砖、薄膜制 2 个 0.5 m² 简易水槽，将 2 个种的种苗用固定杯固定后将根部置槽中培养液中（仿 M 式）培养，每组 5 株。植一周后每周加营养液一次，每次加营养液前将水槽中水清换，加入营养液后用混合指示剂比色法检查 pH 是否在 6.2 ~ 6.5 内，偏碱用磷酸慢慢调低，偏酸用氢氧化钠调至恰当值。

五、作　业

栽培 5 周后，分别对各栽培方法植株测量株高、地茎、根系及鲜重，按表 32.2 记录，比较不同栽培方法各项生长指标的差别，说明不同方法对花卉生长的影响。

表 32.2　不同栽培方法对花卉生长的影响

		水培					基质培					土培（对照）				
		1	2	3	4	5	1	2	3	4	5	1	2	3	4	5
品种1	株高															
	地茎															
	根长															
	鲜重															
品种2	株高															
	地茎															
	根长															
	鲜重															
品种3	株高															
	地茎															
	根长															
	鲜重															

实训 33　花卉分类与应用

背景知识

园林花卉种类、品种繁多，其重要功能包括：① 给人以美感。最突出的特点是观赏性强，花和叶普遍呈现给人们的是色彩艳丽、丰富多彩，给人们以感官尤其是视觉的美感及清新和赏心悦目的感觉。② 美化环境。园林花卉无论是室外栽植还是室内摆放，都能以其美丽的色彩，形成美的环境景观，具有较高的亲和性。特别是室内或室外摆花，如能实时更换，其颜色和形体的不断变化，可以怡悦人们身心，活跃气氛，尤其是庭院、楼前和室内摆花，可以打破环境的单调感。③ 应用方式灵活多变。如盆栽花卉，可以因地制宜，适于各种气候和环境摆放，便于更换。可以根据需要，通过控制温度、湿度和光照，调节开花时间，也可临时组合摆放，可以移动，更可以根据需要形成漂亮的图案花卉景观。④ 具有环保、卫生防护和振奋人心的功能。有些花卉可以散发沁人心脾的花香，可以释放挥发性杀菌物，可以去除灰尘，清新空气，营造愉悦身心的工作和生活环境。

一、实训目的

通过调查指定区域（如校园、××公园）的园林植物种类，按照不同的分类方法将这些园林植物进行分类，使学生熟悉花卉的各种分类方法和花卉的不同应用方式。

二、材料及用具

1. 材 料

指定区域园林景观中的花卉和园林植物。

2. 用 具

放大镜、解剖镜、记录表格等。

三、说 明

园林中配置了各种类型的园林植物，根据园林植物的生物学特点、应用方式、对环境的需求特性和植物造景特色，可以将这些园林植物进行不同的归类。

1. 按照生态习性分类

分为一二年生花卉、宿根花卉、球根花卉、多浆及仙人掌类、室内观叶植物、兰科花卉、水生花卉、木本花卉、草坪、地被等 10 类。

2. 按形态分类

分为草本花卉、乔木、灌木、草质藤本、木质藤本等 5 类。

3. 按园林用途分类

分为行道树景观、阴地景观、水体景观、地被景观、庭院景观、草坪景观、藤蔓景观、花坛花镜景观、绿篱景观等 9 类。

4. 按对水分的要求分类

分为水生花卉、湿生花卉、中生花卉、旱生花卉等 4 类。

5. 按对光照强度的要求分类

分为阳生花卉、阴生花卉、中性花卉等 3 类。

6. 按观赏部位分类

分为观花、观叶、观果、观茎和芳香类等 5 类。

四、方法与步骤

（一）调查与观察

（1）调查：对指定区域的园林植物进行调查，列出植物名录。

（2）观察：观察指定区域园林植物的生态环境，了解其生物学习性，如木本还是草本等；对环境的具体要求，如对光照强度、水分等；观察每种植物在园林中的配置位置，如林下、人工林的上层等；观察应用方式，如地被、行道、庭院等。

（二）分　类

根据不同的分类方法，将指定区域的园林植物进行分类。

五、作　业

（一）思　考

通过不同的分类方法对同一批园林植物进行分类，思考和比较不同方法进行优劣，你能提出更好的方法吗？试一试！

（二）实验报告

1. 园林植物名录

作出指定区域的园林植物名录，格式如表 33.1：

表 33.1　某指定区域的园林植物名录

中名	学名	科属名称	备注
白兰	*Michelia alba*	木兰科含笑属	芳香乔木

2. 园林植物分类

对指定区域园林植物按照不同的分类方法进行分类，格式如表 33.2：

表 33.2 ××地区园林植物分类表

中文名	学名	按生态习性分类	按形态分类	按园林用途分类	按对水分的要求分类	按对光照强度的要求	按观赏部位分类
白兰	*Michelia alba*	木本花卉	乔木	行道、庭院	中生	阳性	芳香

实训34　花卉组合盆栽技术

背景知识

随着我国花卉业的蓬勃发展，人们对花卉的品味和欣赏水平得到了进一步的提高，单一品种的盆栽传统单调、缺乏变化，已经远远不能满足消费者多样化、高品位的需求。这就对花卉生产者和供应商提出了更高的要求。一种色彩、质感、线条统一，形式多变的新型栽培方式——组合盆栽应运而生，成为花卉消费的一种新时尚。组合盆栽将一些看似平淡无奇的花卉，经过巧妙组合、精心设计，再配以精巧、别致、高雅的栽培容器，使这些富有变化的组合达到色彩、质感、线条和文化内涵的统一，它比插花作品更富有生命力，比单盆植物更具有观赏性。而且消费者在购买时，既可以选择自己喜欢的风格，还可以亲自动手，充满了创意和乐趣，是极佳的休闲活动。

一、实训目的

本实训通过综合利用植物学、栽培学、美学、园林设计等多学科知识，通过对花卉品种的选择、基质的调配、盆具挑选、色彩搭配、种植设计和点缀装饰材料的配置等环节的实践，加强学生的动手能力、设计能力以及分析问题的能力。本实训将理论与实践操作紧密集合，将多学科知识综合起来，将设计的意图变为现实，对激发和培养学生对基本理论、基本知识、基本操作的学习热情具有很好的促进作用，为培养学生的创新能力打下良好基础。

二、原　理

组合盆栽是近年兴起的花卉栽培和观赏新形式，该形式不仅提高了花木的观赏价值，同时提高了花木的经济价值和艺术价值。

组合盆栽是技术含量较高的艺术创作过程，它不仅要求组合产品具有科学性，同时必须具备艺术性。因此，组合盆栽要求制作者必须具备良好的专业修养、艺术修养、良好的鉴赏能力和独特的设计思想。在组合盆栽的制作中，需要运用植物学、花卉学、植物分类学、植物生态学、美学和园林设计等学科的知识，是训练学生综合能力和综合素质的有效手段。

三、材料及用具

1. 材　料

校园内各种花木品种，学生可以根据实训的内容和组合盆栽设计的意图，自行选择合适的花木品种和规格；

2. 用　具

枝剪、盆具、装饰材料和石头、数码照相机。

四、方法与步骤

（一）实验方案

实验材料与设计（每组同学自行设计，下面的方案仅供参考）：

（1）制订组合盆栽实验方案：查阅相关资料，研究组合盆栽的特点，构思组合盆栽方案。

（2）考虑组合盆栽的科学性：考虑植物的生物学习性，选择搭配植物的相互关系，确定植物种类构成。

（3）考虑组合盆栽的艺术性：考虑植物色彩搭配、体量（规格）及配置。

（4）考虑增加组合盆栽科学性和艺术性的辅助配置：研究盆具、装饰材料和置石等。

（二）实验方法

1. 植物材料准备

根据组合盆栽设计的要求，选择不同色彩、不同规格的花卉植物材料。

2. 盆具准备

根据组合盆栽设计的需要，选择适宜形状、大小和颜色的花盆和用具。

3. 培养土的准备

采用基质栽培的种植形式，首先配制好所需要的培养土，注意其配方、pH 和 EC，适合不同种花木同在一盆的要求。

4. 组合盆栽种植

注意不同花卉材料的配置，探讨各种配置方式的美学效果和不同花卉种类的生态和谐性。

五、实验报告要求

每人写 1 份实验报告，作为评定成绩的主要依据。实验报告的主要内容包括："实验名称，年级、专业、班级、姓名、学号，前言，实验目的，材料与方法，结果与分析，问题与讨论，参考文献等"。基本写作格式按照毕业论文规范的要求。

实验报告不仅要反映实验的结果，同时要反映组合盆栽的设计过程、设计的意境、体现意境的方式方法或途径。报告不仅要求文字、数字表格的表达形式，同时要求用设计图、过程分解照片和最终作品照片达到图文并茂的效果。

实训35 花卉的组织培养

背景知识

植物细胞的全能性是指植物体的每一个具有完整细胞核的细胞，都具有该植物的全部遗传信息和发育成完整植株的潜在能力。植物细胞潜在全能性的原因是基因表达的选择性。植物体的每一个活细胞都应该具有全能性。从一个受精卵产生具有完整形态和结构机能的植株，这就是全能性，是该受精卵具有该物种全部遗传信息的表现。同样，植物的体细胞也是从合子的有丝分裂产生的，也具全能性，具备遗传信息的传递、转录和翻译的能力。植株上某部分的体细胞只表现一定的形态，承受一定功能，是由于它们受到自身遗传物质的影响以及具体器官或组织所在环境的束缚，致使植株中不同部位的细胞仅表现出一定的形态和功能。但其遗传潜力并没有丧失，一旦脱离原来所在的器官或组织，成为离体状态，在一定的营养、激素和外界条件的作用下，就可能表现出全能性，而生长发育成完整的植株。在分化和发育过程中，一些基因"开启"，一些基因"关闭"，因此成熟细胞的性质取决于活化的基因组合。一个细胞一旦沿某一条特定的途径分化发育后，它一般不再回复到未分化的状态，但在组织培养和某些特定的环境条件下，可能发生脱分化和再分化，最终形成完整植株。

一、实训目的

通过组织培养实验，使学生初步掌握组培快速繁殖的方法，重点掌握组培过程中无菌接种技术，了解培养基的组成和配制方法。

二、原　理

植物组织培养即植物无菌培养技术，又称离体培养，是根据植物细胞具有全能性的理论，利用植物体离体的器官（如根、茎、叶、茎尖、花、果实等）、组织（如形成层、表皮、皮层、髓部细胞、胚乳等）或细胞（如大孢子、小孢子、体细胞等）以及原生质体，在无菌和适宜的人工培养基及温度、湿度、光照等人工条件下，诱导出愈伤组织、不定芽、不定根，最后形成完整的植株。

三、材料及用具

1. 植物材料

花卉植物的茎尖、茎段。

2. 用　具

烧杯（500 mL），吸管若干，橡片吸球，三角瓶、封口膜、线绳、无菌水瓶、标签纸、漏斗若干、剪刀、解剖刀、大小镊子、无菌滤纸，无菌烧杯，废液缸，酒精灯。

3. 药　品

（1）MS 培养基母液：每配 1 L 培养基需大量元素 100 mL（10 倍母液），微量元素 100 mL（100 倍母液）

（2）植物激素：6-BA 0.5 mg/L、NAA 0.05 mg/L

（3）琼脂 0.8%、蔗糖 3%、0.1 mol/L NaOH、 0.1 mol/L HCl

（4）75%酒精、85%酒精、无菌水、棉球。

四、实验步骤

（一）培养基（诱芽）的配制

每组 500 mL，培养基成分 MS + BA 0.1 mg/L + NAA 0.05 mg/L + 蔗糖 3% + 琼脂 0.8%，pH 5.7 ~ 6.0。

（1）称琼脂 4 g 于 500 mL 烧杯中，加蒸馏水约 300 mL 使之溶化；

（2）吸加 MS 母液成分：大量元素 50 mL、微量元素 5 mL、有机成分 5 mL、铁盐 2.5 mL、激素 6-BA 2 mL、NAA 1 mL、蔗糖 15 g 于另一烧杯中，加蒸馏水约 100 mL，加热。

（3）溶解好的琼脂、过滤后的上清液与含 MS 母液的热溶液混合，用量筒定容至 500ml。

（4）用 0.1 N NaOH 调 pH 至 5.7 ~ 6.0。

（5）用漏斗分装培养基，每一个三角瓶内装培养基 15 ~ 20 mL。

（6）封口、捆扎、贴标签。

标签的上排写明培养基代号、组号；下排留空，接种后写上品种、接种日期、接种人。

（二）培养基的灭菌

（1）加水至灭菌锅吃水线，放入装好培养基瓶及其他器具的内锅（培养基瓶、无菌水瓶、小烧杯、剪子、镊子、解剖刀等），内锅上盖几张报纸，以防水汽弄湿器具，再对角旋紧灭菌锅。

（2）加热升压至 0.5 kg/cm² 时，轻轻打开放气阀排气，待气压指针退至 0 时关阀门，如此连续三次排气。

（3）加温升压至 1.0 kg/cm² 时，保压（0.9 ~ 1.1 kg/cm² 之间）灭菌 20 min。

（4）保压后，轻轻打开放气阀放气或停止加热，待气压退到 0.5 kg/cm² 时再放气。

（5）放气完毕，迅速取出装有培养瓶的内锅。

（6）趁热取出三角瓶，平放冷却凝固。

（7）将无菌烧杯、剪刀、镊子、灭菌滤纸等放入烘箱中烘干、备用。

（三）芽的诱导

1. 外植体

在大田和盆花中切取 3 ~ 6 cm 的茎尖部分。

2. 表面消毒

第一步，将采来的植物材料除去不用的部分，将需要的部分仔细洗干净，如用适当的刷子等刷洗。把材料切割成适当大小，以灭菌容器能放入为宜。置自来水龙头下流水冲洗几分钟至数小时，冲洗时间视材料清洁程度而定。易漂浮或细小的材料，可装入纱布袋内冲洗。流水冲洗在污染严重时特别有用。洗时可加入洗衣粉清洗，然后再用自来水冲净洗衣粉水。洗衣粉可除去轻度附着在植物表面的污物，除去脂质性的物质，便于灭菌液的直接接触。当然，最理想的清洗物质是表面活性物质——吐温。

第二步，对材料的表面浸润灭菌。要在超净台或接种箱内完成，准备好消毒的烧杯、玻璃棒、70%酒精、消毒液、无菌水、手表等。用 70%酒精浸 10 ~ 30 s。由于酒精具有使植物材料表面被浸湿的作用，加之 70%酒精穿透力强，也很容易杀伤植物细胞，所以浸润时间不能过长。有一些特殊的材料，如果实，花蕾，包有苞片、苞叶等的孕穗，多层鳞片的休眠芽等，以及主要取用内部的材料，则可只用 70%酒精处理稍长的时间。处理完的材料在无菌条件下，待酒精蒸发后再剥除外层，取用内部材料。

第三步，用灭菌剂处理。表面灭菌剂的种类较多，可根据情况选取。

第四步，用无菌水涮洗，每次 3 min 左右，视采用的消毒液种类，涮洗 3 ~ 10 次。无菌水涮洗作用是为了免除消毒剂杀伤植物细胞的副作用。注意：① 酒精渗透性强，幼嫩材料易在酒精中失绿，所以浸泡时间要短，防止酒精杀死植物细胞。② 老熟材料，特别是种子等可以在酒精中浸泡时间长一些，如种子可以浸泡 5 min。③ 升汞的渗透力弱，一般浸泡 10 min 左右，对植物材料的杀伤力不大。④ 漂白粉容易导致植物材料失绿，所以对于幼嫩材料要慎用。⑤ 在消毒液中加入浓度为 0.08% ~ 0.12%的吐温 20 或 80(一种湿润剂)，可以降低植物材料表面的张力，达到更好的消毒效果。

取出材料，用消毒滤纸吸干，将茎类切成 3 ~ 6 mm 大小，接种于诱芽培养基（MS + BA 0.1 mg/L + NAA 0.05 mg/L + 蔗糖 3% + 琼脂 0.8%，pH 5.6 ~ 6.0），茎段部分要求带侧芽。

3. 接种步骤

（1）一手拿镊子夹住茎稍末端，放于无菌滤纸上，一手持解剖刀，去除嫩叶，将茎尖部分切成 2 ~ 6 mm 大小。

（2）一手拿装有培养基的三角瓶或试管，解开封口纸，在酒精灯火焰上转动烧烤灭菌。

（3）用镊子夹住茎尖、茎段，放入培养基表面，使茎尖成直立状态。

（4）培养条件：培养室温室(25 ± 2) °C，光照强度 1 500 ~ 2 000 lx，每天光照 10 ~ 12 h。

4. 观察记载

接种培养后每隔 5 d 左右观察记载 1 次，观察茎尖出芽情况，及时清除污染材料。经历一个月左右，试管苗可长到 2 cm 以上，将这些小苗切割成茎尖、茎段，接种于诱导培养基，又可长出无根苗。反复切割可大量快速繁殖，或将无根苗转至生根培养基（1/2 MS + NAA 0.1 mg/L）诱导出完整的植株。最后统计记载下列指标。

（1）污染率（%）= 污染的外植体数/接种数 × 100%；

（2）死亡率率（%）= 死亡的外植体数/接种数 × 100%；

（3）愈伤诱导率（%）= 产生愈伤组织块数/（接种数 – 污染外植体数）× 100%；

（4）增殖系数 = 继代后的芽苗数/继代前的芽苗数；

（5）生根率（%）= 生根的小苗数/总苗数 × 100%；

（6）成活率（%）= 移栽成活的试管苗数/移栽总试管苗数 × 100%。

（四）驯化炼苗

待根长至 1 ~ 2 cm 时，可将瓶苗移至温室大棚中，开瓶炼苗 3 d 后，再移至基质中，保持 75%湿度和 50%自然光照。

五、作业与思考

（1）什么是外植体?如何进行选择和处理?

（2）什么是诱导培养基、分化培养基、增殖培养基和生根培养基？它们的成分有何不同?

（3）简述组培污染的原因和控制方法。

附：MS 培养基母液的配制（单位：mg）

母液编号化合物名称		规定量	扩大倍数	称取量	母液体积/mL
母液 I 大量元素	KNO₃	1 900	10	19 000	
	NH₄NO₃	1 650	10	16 500	
	MgSO₄·7H₂O	370	10	3 700	100
	KH₂PO₄	170	10	1 700	
	CaCl₂·7H₂O	440	10	4 400	
母液 II 微量元素	MnSO₄·4H₂O	22.8	100	2 280	
	ZnSO₄·4H₂O	8.60	100	860	
	H₃BO₃	6.20	100	620	
	KI	0.83	100	83	100
	Na₂MoO₄·2H₂O	0.25	100	25	
	CuSO₄·5H₂O	0.025	100	2.5	
	CoCl₂·6H₂O	0.025	100	2.5	
母液 III 微量元素	Na₂-EDTA	37.3	200	7 460	100
	FeSO₄·7H₂O	27.8	200	5 560	
母液 IV 有机附加物	甘氨酸	2.0	50	100	
	维生素 B1	0.1	50	5	
	维生素 B2	0.5	50	25	100
	烟酸	0.5	50	25	
	肌醇	100	50	500	

五、作业与思考

（1）什么是外植体?如何进行选择和处理?

（2）什么是诱导培养基、分化培养基、增殖培养基和生根培养基？它们的成分有何不同?

（3）简述组培污染的原因和控制方法。

附：MS 培养基母液的配制（单位：mg）

母液编号化合物名称		规定量	扩大倍数	称取量	母液体积/mL
母液 I 大量元素	KNO_3	1 900	10	19 000	
	NH_4NO_3	1 650	10	16 500	
	$MgSO_4 \cdot 7H_2O$	370	10	3 700	100
	KH_2PO_4	170	10	1 700	
	$CaCl_2 \cdot 7H_2O$	440	10	4 400	
母液 II 微量元素	$MnSO_4 \cdot 4H_2O$	22.8	100	2 280	
	$ZnSO_4 \cdot 4H_2O$	8.60	100	860	
	H_3BO_3	6.20	100	620	
	KI	0.83	100	83	100
	$Na_2MoO_4 \cdot 2H_2O$	0.25	100	25	
	$CuSO_4 \cdot 5H_2O$	0.025	100	2.5	
	$CoCl_2 \cdot 6H_2O$	0.025	100	2.5	
母液 III 微量元素	$Na_2\text{-}EDTA$	37.3	200	7 460	100
	$FeSO_4 \cdot 7H_2O$	27.8	200	5 560	
母液 IV 有机附加物	甘氨酸	2.0	50	100	
	维生素 B1	0.1	50	5	
	维生素 B2	0.5	50	25	100
	烟酸	0.5	50	25	
	肌醇	100	50	500	

实验 36 花圃花场规划设计

背景知识

传统意义上的苗圃，是一种纯生产性的绿地。基于这一认识，长期以来，苗圃的规划设计流于粗放，甚或根本就不用规划，只需在适合的地方搭好大棚，种下苗木就大功告成。近年来，随着观光农业的兴起，生产性绿地的景观价值越发受到了人们的重视。在可能的条件下，苗圃不仅具有生产性质，同时也可满足人们游览、休闲的需要。首先，苗圃可以作为一个科普基地，激发园艺爱好者亲手操作的兴趣。其次可以通过品花尝果等系列活动传播园艺学、植物学方面的知识。同时，通过展示新品种，演示先进的培育手段等方式，苗圃也可以成为传授新技术，出售新产品的场地。

将苗圃的生产功能与休闲功能结合的规划思路：花圃花场的规划设计要做到科学、合理、先进、实用。花圃花场规划设计主要包括总体布局、道路系统、给排水系统、辅助设施、生产设施等内容。总体布局是对全场根据生产目的，划分成不同的功能区域，总体布局要做到合理实用，便于管理，更能突出花场的主要发展方向，并有长远的目光。不同的功能区域可根据地形变化布置，用道路系统分区。

生产设施包括花台、平顶阴棚、塑料大棚等。要注意走向，中等纬度地区应用南北向，低纬度地区可不特别考虑。塑料大棚面积大，有利于创造小环境，越高越有利于空气流动，降低近地气温。给排水设施可沿道路系统布置，如有地形变化，排水系统考虑地形地势。供水龙头的密度要适宜，最大服务半径不超过20 m，采用自动喷灌系统要按覆盖半径考虑密度。

辅助设施包括办公用房，仓库、装卸场、展销厅、职工住房等，要根据投资规模配套，投资额度不宜过大，以免挤占生产资金。办公、装卸场、展销场所应置于靠门口最显眼的地方。

一、实训目的

通过实训，使学生了解花圃花场各类设施及构成，了解各项设施布局对生产与管理的作用，掌握花场规划的方法与技巧。

二、用 具

绘图纸、丁字尺、角规、比例尺、铅笔、模拟花场平面图等。

三、主要内容

通过参观花圃场和收集相关资料，制订一个新建苗圃场（花场）的规划，面积为 50~100 亩（ 1 亩 = 667 m² ）。要求按照现代苗圃的要求设计场地功能分区、道路规划、生产设施规划、栽培植物种类建议，并作出经费的初步预算。

四、方法与步骤

（一）拟定总体布局，划分不同功能区域

1. 播种区

这是培育播种苗的区域，是苗木繁殖的关键部分，应选择全圃自然条件和经营条件最有利的地段作为播种区。

2. 营养繁殖区

培育扦插苗、压条苗、分株苗和嫁接苗的区域，与播种区要求基本相同。

3. 移栽区

培育各种移栽苗的区域。由播种区、营养繁殖区中繁殖出的苗木，需要进一步培育较大的苗木时，可移入移栽区中进行培育。

4. 大苗区

培育植株较大并经过整形的各类大苗的耕作区。在大苗区培育的苗木出圃前不再进行移植，且培育年限较长。大苗区的特点是株行距大，占地面积大，规格高，根系发达，可以直接用于园林绿化建设。

（二）辅助用地

苗圃的辅助用地（非生产用地）主要包括道路系统、排灌系统、防护林带、管理区的房屋占地等，这些用地直接为生产苗木服务。

1. 道路系统

一级路（主干道）：是苗圃内部和对外运输的主要道路，多以办公室、管理区为中心。设置一条或相互垂直的两条路为主干道，一般宽度 6~8 m。

二级路：通常与主干道相垂直，与各耕作区相连接，宽度一般为 4 m，其标高应高于耕作区 10 cm。

三级路：是沟通各耕作区的作业路，一般宽 2 m。

2. 灌溉系统

苗圃地必须有完善的灌溉系统，以保证苗木对水分的需要。灌溉系统包括水源、提水设备和引水设施。水源主要有地面水和地下水。提水设备多用抽水机（水泵），可根据苗圃育苗的需要，选用不同规格的水泵。引水设施有地面渠道引水和暗管引水。明渠即地面引水渠道；管道灌溉的主管和支管均可埋入地下，其深度以不影响机械化耕作为度，开关设在地端以方便使用。

3. 排水系统

排水系统对地势低、地下水位高及降雨量多而集中的地区更为重要。排水系统由大小不同的排水系统组成，排水沟分明沟和暗沟两种，目前采用明沟较多。

4. 防护林

为了避免苗木遭受风沙危害，应在苗圃区设置防护林，以降低风速，减少地面蒸发及苗木水分蒸腾，创造利于苗木生长的小气候环境。

5. 管理区

管理区包括房屋建筑和圃内场院等部分，主要有办公室、宿舍、食堂、仓库、种子贮藏室、工具房、车棚、运动场、晒场和肥料场等。

五、作　业

绘制出苗圃（花场）的规划设计图，并完成下列工作：
（1）标明生产设施，并画出主要设施施工结构图。
（2）标明给排水设施及管线系统。
（3）标出辅助设施平面图，用另一张纸画出施工结构图。
（4）对规划设计进行预算及写出说明书。

实训 37 温室花卉的环境调控

背景知识

在栽培花卉的环境因子中，温度是影响花卉生长和发育的重要因子，各种花卉都有自身生长的起始温度，多在 5~10 ℃。温度对花卉的花芽分化和开花亦产生直接或间接的影响。大多数原产温带地区的花卉，在整个生长发育过程中，必须经过一段时间的低温刺激，才能转入以开花结实为主的生殖生长阶段。对于大多数花卉而言，昼夜温差以 8~10 ℃ 最为合适。如果温差超过这一限度，无论是昼温过高还是夜温过低，均会影响花卉的营养生长和生殖生长。

光照主要通过光照强度、光照质量和光照周期这三方面的变化，对花卉的生长、开花产生影响。弱光照有利于花卉的营养生长，即枝叶生长；强光照有利于花卉的花芽分化、花苞形成和花朵开放。光强还能影响花卉的开放时间，很多陆生仙人掌植物需要在有强烈阳光照射的晴天才能开花，但昙花、夜繁花、月见草、白玉簪等则需要在以散光为主的弱光照条件下开花，过于强烈的光照会抑制花芽分化，已形成的花芽则落蕾落花严重。在高温、光强的夏季，耐阴花卉的栽培必须有遮荫设施，且至少保持 50%左右的荫蔽度。如各类秋海棠、山茶、杜鹃、兰花、玉簪均属这类花卉。许多花卉的开花在不同程度上受光周期信号的诱导。光周期是指每日光照的周期性（节律性）变化，它既可以用一天内的白昼长度（即光期或光照长度），也可以用一天内的暗夜长度（即暗期或暗长度）来表示。

花卉的生长、发育、繁殖、休眠等都与水分有密切的关系。但是，不同的花卉，其生长发育对水分的需求也有所不同。适度的干旱有利于促进花芽分化。花芽分化期前对花卉植株适当控水，少浇或停浇几次水，能抑制或延缓茎叶的生长，提早并促进花芽的形成和发育。例如，兰科植物开花前需短期断水以促进花芽分化，否则往往不能开花。一般而言，花卉生长和开花需要较高的相对空气湿度，多数花卉在生长和开花季节要求空气相对湿度为 70%~80%。这种较高的空气湿度有利于叶片伸展，光亮，花朵色彩艳丽。而在空气较干燥条件下，花苗生长不良，甚至叶边缘出现干枯，花期缩短，花色变淡。

一、实训目的

通过实训，使学生掌握花卉生产中温度、湿度、光照和气体的各种调控措施。

二、材料及用具

1. 材　料

校内或生产企业的栽培设施。

2. 用　具

温度计、湿度计、照度计、记录本等。

三、环境调控措施

（一）温度调节

在我国的不同地区，花卉生产所采用的温室及塑料大棚的类型是不同的，其温度调节的措施也是不相同的。北方地区冬季温度调节的措施是加温和保温，北纬 33° 以南的地区冬季温室大棚的温度调节措施是保温。在夏季，我国大部分地区温室大棚的温度调节措施都是降温。

1. 保温措施

为了提高温室大棚的保温能力，通常采用覆盖和其他保温措施减少室内热量散失，提高棚内的夜间温度。

（1）室内覆盖保温。这种方法是利用保温的材料制成固定或可移动的保温幕，在温室大棚内的顶部进行二次覆盖，以达到夜间或阴天时保温的目的。用于保温幕的材料有：聚乙烯（PE）塑料薄膜、聚氯乙烯（PVC）塑料薄膜、聚乙烯混铝薄膜、聚乙烯镀铝薄膜及不织布（无纺布）等。保温幕安装在温室或大棚内的顶部，还可将顶部与四周侧墙同时覆盖，通过机械拉幕装置自由拉开叠起或关闭覆盖。白天拉开保温幕接受正常光照，晚上关闭覆盖形成上层或整体的内保温幕。一般比不覆盖可提高温度 3 ℃ 以上，同时还具有防止屋面内结露的作用。

内覆盖保温幕适用于圆屋顶式、尖屋顶式等多种形式的大型连栋温室大棚，也适用于各种形式的钢骨架高标准单栋塑料大棚和玻璃温室。在安装和使用时，要求接缝处四周底部严密不留缝隙，接缝处最好重叠 30 cm。另外与结构覆盖即屋面、墙面之间要有一定的距离，一般为 10~15 cm，保持一定的静止空气隔温层。

（2）室外覆盖保温。室外覆盖保温的材料一般有草苫、草席、纸被和发泡塑料等。冬季安装在温室大棚外面，通过人工或机械卷帘装置卷放，白天卷起，夜间覆盖，起到保温作用。但降雪前不要覆盖，防止积雪堆压造成卷起困难。外覆盖保温适于各种类型的单栋温室大棚。保温覆盖材料的选择可以因地制宜，就地取材，如可用稻草、蒲草，还可以用其他类似的作物秸秆。纸被可以用牛皮纸外侧加防水材料制成，也可以用发泡塑料、聚乙烯、棉絮等制成。外覆盖可提高温度 5～10 ℃。

（3）其他保温措施。除增加覆盖外，各地还有一些其他的保温措施，例如在大棚内扣一小拱棚，可以减少地面向空气对流辐射的热量；还可以在后墙基部堆防寒土，在南屋面墙基处挖防寒沟，都可以不同程度地提高保温能力。这些保温措施可供相同纬度不同地区间相互参考借鉴。

2．加　温

传统的温室及塑料大棚多采用烟道加温和地炉加温方法，这种加温方法热转换效率低，有害气体排出量多，不适宜大规模的现代化生产。近几年采用较普遍的主要有热风供暖加温和热水供暖加温两种方式。

（1）热风供暖加温：热风供暖的设备是热风炉，这种热风炉由热风机和通风管道组成。热风机是热风供暖的主机，由热源、空气换热器和风机 3 部分构成。通风管道也称供暖管道，由开孔的聚乙烯薄膜制成，长度可根据温室规格自行确定。

热风炉按热源可以分为燃煤热风炉和燃油（气）热风炉两种。按外观造型和安装形式分为吊装式、落地式和移动式 3 种。其工作过程为：热源加热空气换热器，用风机强制室内部分空气进入换热器，空气被加热后直接或通过供热管道进入室内。

（2）热水供暖加温：热水供暖的能量主要来自燃料（煤）燃烧转化成的热水，有些具有地热资源的地区来自地热。

热水供暖系统由锅炉、供热管道和散热器 3 个基本部分组成。工作过程为：锅炉将水加热至 85 ℃ 以上，热水经水泵加压后通过供热管道供给温室内的散热器，在温室内散热后水温下降返回锅炉再加温，这是一个由锅炉通过管道到散热器的水的降温反复循环过程。

3．降　温

我国大部分地区夏季炎热，当室外气温超过 30 ℃ 时，温室大棚内的气温可达 40 ℃。温室的降温措施主要有通风降温、加湿降温、遮阳降温。

（1）通风降温

① 自然通风：自然通风设施是开窗器。安装在温室大棚屋顶部称顶开窗器，安装在侧墙的称侧开窗器。通过机械装置和自动控制系统开启和关闭，打开时窗面与水平机形成 10°角，温室开窗通风总面积大于温室地面面积的 15%。温室的大部分时间靠自然通风来调节环境，但夏季高温时自然通风不能满足需要。

② 强制通风：强制通风的设备是由电机带动的排风扇，安装在温室的侧墙。强制通风是利用风机将电能或机械能转化为风能，强迫空气流动进行通风以降低室内温度，一般能达到室内外温差 5 ℃ 的效果。通风除降温外还有调节温室气体环境和除湿的作用。

（2）加湿降温：加湿降温又称蒸发降温，是利用空气的不饱和性和水的蒸发性来降温的，当空气中所含水分没有达到饱和时，水汽化为水蒸气，使空气中温度降低，湿度升高。蒸发降温过程必须保证温室内外空气流动，将温室内高温高湿的气体排出去，并补充新鲜空气，因此必须配合通风。

① 湿帘-风机降温：湿帘-风机降温系统由温帘、循环水、轴流风机等部分组成。安装在温室的侧墙，其降温效果取决于湿帘性能，湿帘必须保证有圈套的湿表面与流动的空气接触，要有吸附水的能力、通气性、多孔性、抗腐烂性。目前使用的材料有：杨木刨花、聚氯乙烯、甘蔗渣等，这些材料压制成约 10 cm 厚的蜂窝煤状的结构。

② 微雾降温：直接将水的雾粒喷在室内空间，雾粒一般为 50 ~ 70 μm，可在空中直接汽化而吸收汽化热降温，降温速率很快，而且温度分布均匀。微雾降温系统由水过滤器、高压水泵、高压管道和雾化喷头组成。其工作过程为：水经过多级过滤后进入水泵，加压后通过管道从喷头高速喷出形成雾粒。微雾系统是间歇工作，喷雾 10 ~ 30 秒，停止 3 分钟，这种降温效果好，但整个系统精度高，造价及运行费用都较高。

（3）遮阳降温：室外遮阳是将遮阳网安装在温室的外面。需要在温室外安装一套遮阳骨架，将遮阳网安装在骨架上，遮阳网可以用拉幕机或卷膜机带动自由开闭，驱动装置有手动或电动。外遮阳的优点是直接将太阳辐射隔在温室外，降温效果好，缺点是骨架要耗费钢材。

室内遮阳是将遮阳网安装在温室大棚内，在温室骨架上拉推、开闭，推拉系统由一些金属网线作为支撑，整个系统轻巧简单，不需要制作骨架。内遮阳可以降低地面温度，但仍有一部分太阳辐射进入室内，所以降温效果略差些。

遮阳网是由聚乙烯制成的纱网，有黑色、银灰色、绿色和蓝色，还有缀铝箔的，外遮阳多用蓝色和绿色，内遮阳多用银灰色和缀铝箔的。遮阳系统除了有降温作用外还有调节光照的作用。

降温措施还有很多，如屋顶喷淋、屋面喷白等方法。有些情况下需要几种方法配合使用以达到降温目的。

（二）湿度调节

1. 空气湿度

温室内的空气湿度是由土壤水分的蒸发和植物体内水分的蒸腾在温室密闭的情况下形成的，空气湿度的大小直接影响花卉的生长发育。当湿度过低时，植物关闭气孔以减少蒸腾，间接影响光合作用和养分的输送；湿度过大时，则花卉生长比较细弱，造成徒长而影响开花，还容易发生霜霉病。

2. 空气湿度调节措施

（1）除湿：在寒冷季节温室大棚密闭时应以除湿措施为主，可以结合温度日变化规律适时地进行通风换气。

适当控制灌水量，改进灌水方式，尽量采用滴灌或地下渗灌，减少地面蒸发，降低湿度。

（2）加湿：在通风量大，外界气温高时，要注意增加湿度。增加湿度可以结合降温进行，如喷雾和湿帘-风机降温。

（三）光照调节

光照调节包括光照强度和光照时间的调节。生产中采取的措施主要有补光、遮阳和遮光。

1. 补 光

在温室大棚内进行的补光主要有长日照处理和补强光两种。长日照处理是为调节花卉的开花期而进行的日长补光，在菊花、一品红春节开花的栽培中广泛应用。在温室大棚内进行补强光，可提高花卉的光合作用和生长量，意义很大，但费用太高，推广应用受限制。

人工补光的光源有白炽灯、日光灯、高压水银灯和高压钠灯等。白炽灯和日光灯光强度低，寿命短，但价格低，安装容易，国内采用较多；高压水银灯和高压钠灯发光强度大，体积较小，但价格较高，国外常用作温室人工补光光源。

2. 遮 阳

遮阳是在夏季高温季节生产花卉时用遮阳网覆盖，起到减弱光强的效果。常用的遮阳网有黄、绿、黑、银灰等颜色，宽 2.0～6.0 m，遮光率为 30%～80%。夏季可降温 4～8 ℃，使用年限 3～5 年。其优点是轻便，易操作，可依需要覆盖 1～3 层。

3. 遮 光

遮光是指为达到短日照效果的完全遮光处理，通常是把温室遮严或利用支架将植株遮光。

四、方法与步骤

按小组（4～5 人），根据生产实际和当时的气候条件，分别对温度、空气相对湿度和光照进行调控，并详细记载调节前后的数据，分析调节的效果。

五、作 业

（1）如何进行温度、相对湿度和光照的调控？

（2）观察记录调控前后的温度、相对湿度和光照强度，并分析调控的效果。

实训 38　花卉的市场调查

背景知识

　　花卉生产作为一种产业始于 20 世纪 80 年代。随着我国国民经济的快速发展和人民收入的稳步增加，花卉业在 90 年代进入快速发展阶段，现今花卉业已成为绿化美化、改善生态环境的重要内容，成为调整农业产业结构、提高农民收入的主要途径之一，成为前景广阔的朝阳产业和新的经济增长点。20 多年来中国花卉生产面积、产量有了很大幅度的提高，但与其他国家相比还处于相对滞后状态，生产效率、生产水平较低，产品结构不尽合理。目前中国花卉市场已由卖方市场转为买方市场。在 20 多年的发展中，花卉生产的区域化初步形成，一些大型花卉企业以其较强的凝聚力及辐射力在花卉业发展中发挥重要作用。

　　我国花卉的消费水平远远低于世界平均消费水平，而且以集团消费和假日消费为主要特点。随着居民收入水平的提高及消费观念的改变，中国未来花卉消费潜力巨大，中国花卉市场是一个竞争激烈的市场，花卉总体价格呈下降趋势，季节差价明显，地区差价在销售旺季较大，而且以大型城市价格较高，大宗切花不同种类之间差价较小。目前中国花卉市场体系已基本建立，国内大生产、大市场、大流通基本形成。花卉流通主要通过批发、零售进行销售。花卉交易以对手交易为主，但已开始运用拍卖这种营销方式进行交易。政府应加大对花卉生产的政策扶持，采取措施提高花卉产品的质量，加强花卉文化的宣传，从而拉动花卉消费。

一、调查目的

为了促进花卉市场有一个健康完善的发展机制，使花卉市场形成完整的产业链，让人们对花卉生产和消费有更多的了解，满足社会日益增长的精神文化需求。

二、调查对象

当地的大型园林公司、园艺公司、花卉企业、花卉批发市场、花店和居民等。

三、调查内容

（1）居民对花卉市场的了解。
（2）花卉的消费旺季。
（3）各种花卉品种的销量。
（4）居民购买花卉的原因。
（5）花卉市场的物流现状。
（6）花卉网络销售状况。

四、调查方法

1．实地观察法

通过参观花卉公司、企业，与工作人员攀谈、聊天，了解其基本情况。

2．访谈法

对花卉企业、公司人员和花店员工进行访谈，了解公司和花店的生产和销售状况。

3．问卷法

通过在居民社区、大型场所、超市和大学对居民和大学生进行问卷调查，或在网上进行问卷填写等方式进行调查、统计分析。

4．搜集二手资料

通过网上搜查调查，获取所需信息。

五、调查报告

通过对调查资料的整理和统计分析，撰写《×××市花卉市场调查报告》。

主要包括：前言、花卉生产现状、花卉的消费现状、花卉产业面临的瓶颈问题和建议等部分。

实训 39　花坛与花镜的设计

背景知识

　　花坛在环境中可作为主景，也可作为配景。形式与色彩的多样性决定了它在设计上也有广泛的选择性。花坛的设计首先应有风格、体量、形状诸方面与周围环境相协调，其次才是花坛自身的特色。例如，在民族风格的建筑前设计花坛，应选择具有中国传统风格的图案纹样和形式；在现代风格的建筑物前可设计有时代感的一些抽象图案，形式力求新颖。

　　花坛的体量、大小也应与花坛设置的广场、出入口及周围建筑的高低成比例，一般不应超过广场面积的 1/3，不小于 1/5。出入口设置花坛以既美观又不妨碍游人路线为原则，在高度上不可遮住出入口视线。花坛的外部轮廓也应与建筑物边线、相邻的路边和广场的形状协调一致。色彩应与所在环境有所区别，既起到醒目和装饰作用，又与环境协调，融于环境之中，形成整体美。花坛根据所表现的内容不同，分为盛花花坛、模纹花坛、立体花坛、标题式花坛、混合花坛等。

　　花境是由花组成的境界，源于英国古老而传统的私人别墅花园。它没有规范的形式，园中主要种植主人喜爱、又可在当地越冬的花卉，其中以管理简便的宿根花卉为主要材料，随意种在自家。园艺学家 Willian Robinso（1838—1935）极力提倡自然花园，欣赏植物个体的自然美，并通过杂志《花园》宣传他的观点，得到一些造园者的响应。此后，别墅花园的种植方式提高了艺术性，形成了一种欣赏植物自然景观美的新形式，被称为宿根花卉的边境，这就是古典的花境。

　　随着时代的变迁，花境的形式和内容也发生了许多变化，但基本形式和种植方式仍被保留下来。花境是模拟自然界中林地边缘地带多种野生花卉交错生长的状态，运用艺术手法设计的一种花卉应用形式。在园林中，不仅增加自然界观，还有分隔空间和组织游览路线的作用。

一、实训目的

通过实训，使学生掌握花坛设计、花境设计的方法和步骤，能独立进行花坛环境平面图的设计。

二、材料及用具

1. 材　料

当地和校园内的预设计地。

2. 用　具

铅笔、针管笔、彩笔、绘图板、卷尺、图纸等。

三、方法与步骤

（一）实地调查、测量，拟定花坛草图

到预设计地点了解周围环境，确定花坛位置、大小、形状及内部构图，用笔简单勾勒出草图。

（二）花坛植物选择

根据调查了解的情况和花坛草图选择花坛用花的种类、品种、花色等。

（三）花坛设计图绘制步骤

1. 环境总平面图

应标出花坛所在环境的道路、建筑边界线、广场及绿地等，并绘出花坛平面轮廓。依面积大小有别，通常可选用 1 : 100 或 1 : 1000 的比例。

2. 花坛平面图

应标明花坛的图案纹样及所用植物材料。如果用水彩或水粉表现，则按所设计的花色上色，或用写意手法渲染。绘出花坛的图案后，用阿拉伯数字或符号在图上依纹样使用的花卉，从花坛内部向外依次编号，并与图案的植物材料表相对应。表内项目包括花卉的中文名、花色等，以便于阅图。若花坛用花随季节变换需要轮换，也应在平面图及材料表中予以绘制或说明。

3. 设计说明书

简述花坛设计的主题、构思及设计图中难以表现的内容，文字应简练，附在花坛设计图纸内。

四、作　业

评分标准

（1）环境总平面图（30分）；

（2）花坛平面图（40分）；

（3）设计说明（30分）。

实训 40　节日花卉的应用调查

背景知识

在园林绿地中除栽植乔木、灌木外，建筑物周围、道路两旁、疏林下、空旷地、坡地、水面、块状隙地等，都是栽种花卉的场所，使花卉在园林中构成花团锦簇、绿草如茵、荷香拂水、空气清新的意境，以最大限度地利用空间来达到人们对园林的文化娱乐、体育活动、环境保护、卫生保健、风景艺术等多方面的要求。为此，花卉和地被植物等是园林绿地重要的不可缺少的组成部分。花卉在园林中最常见的应用方式即利用其丰富的色彩、变化的形态等来布置出不同的景观，主要形式有花坛（盛花花坛、模纹花坛、立体花坛）、花境、花丛、花群以及花台等，而一些蔓生性的草本花卉又可用以装饰柱、廊、篱以及棚架等。

花卉装饰——栽培花卉生产大量切花，用于装饰和点缀，达到美化环境和表达感情的目的。所谓切花即切取花卉植株的茎、叶、花、果，制作成多种装饰物，用来美化和装饰环境或表现感情，这是高层次文明程度的表现。主要形式有花束、花篮、花环、佩花、插花等。当前，随着国际、国内间交往的增多，应用花卉饰物作为幸福、美好、友谊的象征，将不断得到发展。

一、实训目的

学生利用元旦、春节、情人节、"五一"、"十一"假期或周末在市区各大公园、街道等进行自主实践调查。了解市区节日花卉应用情况，并对室外的花坛进行测绘和描述。

二、材料及用具

1. 材　料

市区和校园内的各种花卉。

2. 用　具

数码相机、卷尺、直尺、卡尺、铅笔、笔记本。

三、方法与步骤

（1）学生分成若干小组进行现场调查和观察元旦、春节、情人节、"五一"、"十一"花卉的应用种类与应用形式。

（2）了解花丛花坛、模纹花坛和立体花坛的不同特点，每个类型的花坛草测绘图1~2个，并注明花卉名称。

（3）利用数码相机记录典型标本。

四、作　业

（1）分别整理出元旦、春节、情人节、"五一"、"十一"节日应用花卉名录和应用形式（表40.1）。

（2）画出不同类型的花坛草测平面图和立面图，并自行设计不同类型的花坛（形式、花卉名称、植物高度、开花色彩与时间）。

（3）拍摄图片，说明拍摄地点、日期。

表 40.1　节日花卉应用调查表

品种名称	科属	应用			调查地点	备注
		数量/株	方　式	景观名称		

注：① 数量：指一定面积（或一个景观面积）的花卉栽植数量。

② 应用方式：指花坛、花境、花台、垂直绿化。

主要参考文献

[1] 包满珠. 花卉学[M]. 北京：中国农业出版社，2011.

[2] 宁玉芬，黄有总."花卉学"教学改革的研究与实践[J]. 广西大学学报：哲学社会科学版，2009，31（4）：132-133.

[3] 谢树云，陈孙华."花卉学"课程实践教学体系初探[J]. 湖南环境生物职业技术学院学报，2002，8（4）：327-329.

[4] 吴莉英，唐前瑞，尹恒. 观赏植物花芽分化研究进展[J]. 生物技术通讯，2007，18（6）：1064-1066.

[5] 余金昌，李宇枫，卓书斌. 不同激素和育苗基质对苗木扦插成活率的影响[J]. 广东农业科学，2009（12）51-53.

[6] 贾学苏，贾国兵，武荣芳. 草本花卉穴盘育苗技术[J]. 中国种业，2007（8）：67-68.

[7] 沈改霞，张新义. 常见园林花灌木的整形修剪[J]. 河北农业科学，2011，15（1）：31-32.

[8] 杨同梅，杨宜东，郭方线. 大型菊花艺术造型的制作[J]. 现代园林，2009（3）：15-16.

[9] 张梦霞，张艳红. 国内观赏植物种子采收、贮藏与催芽处理技术研究进展[J]. 辽东学院学报，2009，16（3）：241-245.

[10] 康红梅，张启翔. 国内外盆栽植物生产现状及我国加入WTO后的应对措施[J]. 北方园艺，2003（6）：12-13.

[11] 董运斋. 花卉的组合盆栽应用[J]. 西南园艺，2004（2）：37-38.

[12] 张燕，范宏伟，赵丽红，等. 花卉无土栽培技术研究进展[J]. 北方园艺，2006（4）：126.

[13] 包志强，刘和凤，张瑞英. 花卉穴盘育苗技术[J]. 中国花卉园艺，2006（18）：12-14.

[14] 谷颐. 花卉种子的采收与贮藏[J]. 中国种业，2006（10）：70-71.

[15] 潘文，龙定建，唐玉贵. 几种常见花卉的花期调控技术[J]. 广西林业科学，2003，32（4）：204-206.

[16] 汤桂钧，李世忠，蒋建平. 康乃馨全光照喷雾扦插育苗[J]. 中国花卉园艺，2011（16）：32-33.

[17] 郑慧俊，夏宜平. 球根花卉的园林应用与发展前景[J]. 中国园林，2004（7）：62-66.

[18] 王燕. 我国花卉种子产业的技术现状与发展对策[J]. 湖南农业科学，2007（3）：33-35.

[19] 马月萍，戴思兰. 植物花芽分化机理研究进展[J]. 分子植物育种，2003（4）：539-545.

[20] 毛静，杨彦伶，王彩云. 中国传统菊花造型及其鉴赏[J]. 南京林业大学学报：人文社会科学版，2006，6（4）：84-87.

[21] 朱迎迎. 中外插花艺术比较[D]. 南京林业大学，2008.

[22] 周燕，丛日晨，高述民，等. 观赏菊花的分类研究[J]. 北京园林，2011，27（4）：26.

[23] 杨秋，唐岱，孙晓佳，等. 菊花品种起源与园艺分类进展[J]. 北方园艺，2007（11）：91-92.

[24] 王秀娟. 园林中盆栽花卉的栽培管理办法[J]. 中国新技术新产品，2010（11）：234.

[25] 程永生. 观赏植物花期调控技术研究进展[J]. 现代园艺，2011（2）：6-8.

[26] 贾平. 全光照喷雾扦插育苗技术在花卉上的应用[J]. 林业实用技术，2003（3）：45.

[27] 冯艳萍. 浅论草坪建植与管理技术[J]. 科技信息，2010（17）：207-208.

[28] 王晓琴. 草坪建植与管理技术[J]. 园林绿化，2010（3）：31-33.

[29] 石雅琴，乌兰娜. 浅谈园林植物物候期观察的重要性和方法[J]. 内蒙古林业调查设计，2010（17）：69-70.

[30] 陈有民. 园林树木学[M]. 北京：中国林业出版社，2004.

[31] 何胜，陈少华. 常见园林草坪建植及养护管理技术探讨[J]. 热带林业，2008，36（1）：36-38.

[32] 曹春英. 花卉栽培[M]. 北京：中国农业出版社，2001.

[33] 朱丽娟，邵峰，刘王锁，等. 浅谈盆栽花卉的管理技术[J]. 防护林科技，2011（5）：104-106.

[34] 张建强，王海燕. 居室盆栽花卉管理技术[J]. 农业科技与信息，2010（11）：34.

[35] 周金梅. 盆栽花卉养护管理 [J]. 吉林蔬菜，2011（5）：86-87.

[36] 陈俊愉，刘师汉，等. 园林花卉[M]. 上海：上海科学技术出版社，1980.

[37] 赵庚义，车少华，孟淑娥. 草本花卉育苗新技术[M]. 北京：中国农业大学出版社，1997.

[38] 张树宝. 花卉生产技术[M]. 重庆：重庆大学出版社，2006.

[39] 冀曼，李佳. 园林花坛的发展与应用思考[J]. 安徽农业科学，2009（20）.

[40] 董爱香. 北京花坛草花应用现状及未来发展策略[J]. 北京园林，2007，23（2）：20-23.

[41] 李玉琴. 花坛造景艺术在园林中的运用[J]. 湖南林业，2007（11）：10-11.

[42] 王显红，彭光勇. 试论首都大型节日花坛的发展及展望[J]. 中国园林，2002（06）：17-20.

[43] 申晓萍，黄虹心，吴玉华. 南宁市节日花坛花卉种类调查与应用研究[J]. 安徽农业科学，2010，38（26）：14645-14647.

[44] 李圣婷，张云. 乌鲁木齐市节日花坛应用调查与研究[J]. 中国园艺文摘，2012（4）：39-41.

[45] 伍勇. 东莞节日花坛设计与营造[J]. 园林规划设计，2008（2）：65-67.

[46] 曹慧芳. 延安市节日花坛设计探讨[J]. 现代农业科技，2010（22）：230-232.

[47] 王文和. 节日花卉[M]. 北京：化学工业出版社，2010.

[48] 车代弟. 园林花卉学[M]. 北京：中国建筑工业出版社，2009.

[49] 毛洪玉. 园林花卉学[M]. 北京：化学工业出版社，2009.

[50] 沈洁，史童伟，万义萍. 花坛周年布置的花卉品种选择[J]. 花卉盆景，1999（10）：15.

[51] 张芸，萨娜，曹礼昆，等. 浅谈北京秋季节日花卉应用[J]. 黑龙江农业科学，2011（9）：68-71.

[52] 芦建国. 花卉学[M]. 南京：东南大学出版社，2004.